スッキリわかる

建設業経理士 1級

原価計算

TAC出版開発グループ

● はしがき

大切なのは基本をしっかりと理解すること

　建設業経理士1級は、財務諸表・財務分析・原価計算の3科目で実施されます。1級3科目の中で、比較的合格率の高いのが原価計算です。理論問題と計算問題が問われますが、基礎的な問題が多く問われますので、やるべきことをきちんとやっていれば、合格できる試験です。そこで、原価計算については、毎回問われるような基礎的な問題を落とさないように学習を進めていきましょう。

　本書では、合格に必要な知識を基礎からしっかりと身につけることを目標とし、合格に必要なポイントを丁寧に説明しています。

特徴1　読みやすく、場面をイメージしやすいテキストにこだわりました

　1級原価計算の試験範囲は非常に広いため、**効率的に学習**する必要があります。そこで、1級初学者の方が内容をきちんと理解し、最後までスラスラ読めるよう、**やさしい、一般的なことば**を用いて、専門用語等の解説をしています。

　さらに、**取引の場面を具体的にイメージ**できるように、2級でおなじみのゴエモン（キャラクター）を登場させ、みなさんがゴエモンと一緒に事例ごとに原価計算を学んでいくというスタイルにしています。

特徴2　準拠問題集を完備

　テキストを読んだだけでは知識を身につけることはできません。テキストを読んだあと、問題を解くことによって、知識が定着するのです。

　そこで、**テキストのあとに必ず問題を解いていただけるよう**、本書に完全準拠した「スッキリとける問題集　建設業経理士1級原価計算」を準備しました。

　2級以上の合格者は公共工事の入札に関わる経営事項審査の評価対象となっています。本書を活用することで読者のみなさんがいちはやく建設業経理検定に合格され、日本の建設業界を担う人材として活躍されることを願っています。

2020年5月

・第3版刊行にあたって

　以下の論点につき、論点の追加をしています。

　・供用1日あたり損料から取得価額を推定する方法

建設業経理士１級の学習方法と合格まで･･･

1. テキスト『スッキリわかる』を読む テキスト

まずは、**テキスト（本書）を読みます。**

テキストは自宅でも電車内でも、どこでも手軽に読んでいただけるように作成していますが、机に向かって学習する際には、鉛筆と紙を用意し、取引例や新しい用語がでてきたら、**実際に紙に書いてみましょう。**

また、本書はみなさんが考えながら読み進めることができるように構成していますので、ぜひ**答えを考えながら**読んでみてください。

2. テキストを読んだら問題を解く！ 問題集

簿記は**問題を解く**ことによって、**知識が定着**します。本書のテキスト内には、姉妹本『スッキリとける問題集　建設業経理士１級　原価計算』内で対応する問題番号を付しています（☐ 問題集 ☐）ので、それにしたがって、問題を解きましょう。

また、まちがえた問題には付箋などを貼っておき、あとでもう一度、解きなおすようにしてください。

3. もう一度、すべての問題を解く！ テキスト&
問題集

上記１、２を繰り返し、本書の内容理解に自信がもてたら、**本書を見ないで**『スッキリとける問題集』の**問題をもう一度最初から全部解いてみましょう。**

4. そして過去問題を解く！ 過去問題

『スッキリとける問題集』には、本試験レベルの問題も収載していますが、本試験の出題形式に慣れ、時間内に効率的に合格点をとるために同書の別冊内にある**3回分の過去問題**を解くことをおすすめします。

なお、**別売の過去問題集***には10回分の過去問題を収載しています。

*TAC出版刊行の過去問題集
・「合格するための過去問題集 建設業経理士1級　原価計算」

建設業経理士1級はどんな試験？

1. 試験概要

主 催 団 体	一般財団法人建設業振興基金
受 験 資 格	特に制限なし
試 験 日	毎年度 9月・3月
試 験 時 間	財務諸表 9：30～11：00 財務分析 12：00～13：30 原価計算 14：30～16：00
申込手続き	インターネット・郵送
申 込 期 間	おおむね試験日の4カ月前より1カ月間 ※主催団体の発表をご確認ください。
受 験 料 （税込）	1科目：8,120円 2科目同日受験：11,420円 3科目同日受験：14,720円 ※別途申込書代金、もしくは決済手数料として320円が含まれています。
問 合 せ	一般財団法人建設業振興基金 経理試験課 URL：https://www.keiri-kentei.jp/

2. 配点（原価計算）

過去5回はおおむね次のような配点で出題されており、合格基準は100点満点中70点以上となります。

第1問	第2問	第3問	第4問	第5問	合 計
20点	10点	14点	16点	40点	100点

3. 受験データ（原価計算）

回 数	第23回	第24回	第25回	第26回	第27回
受験者数	1,900人	1,692人	1,683人	1,580人	1,794人
合格者数	471人	503人	389人	253人	459人
合 格 率	24.8%	29.7%	23.1%	16.0%	25.6%

財務諸表、財務分析、原価計算の3科目すべてに合格すると、1級資格者となります。科目合格の有効期限は5年間です。

● CONTENTS ··

第1章

原価計算の基礎

2級でも原価計算っていう言葉は聞いたことがあるけど
何が違うのかなぁ?

ここでは、1級原価計算の全体像と
原価計算の基礎知識についてみていきましょう。

原価計算で学習すること

財務諸表と原価計算の違いってなんだろう？

2級でも原価計算について学習してきましたが、1級では、さらに多くの論点について学習していきます。いままで学習してきた原価計算と何が違ってくるのでしょうか？

財務会計と管理会計

　財務会計とは、投資などの意思決定を助けるため、過去の取引の結果について、株主や投資家など**会社外部の者（利害関係者）に対して報告する方法**であり、その最終的な目標は、財務諸表（損益計算書や貸借対照表など）を通じて利害関係者に会社の状況を報告することにあります。

　これに対して管理会計とは、経営管理のため過去と将来の取引について、現場管理者や経営者など**会社内部の者（利害関係者）に対して報告する方法**であり、その最終的な目標は、経営管理者に対して経営管理に必要な情報を報告することにあります。

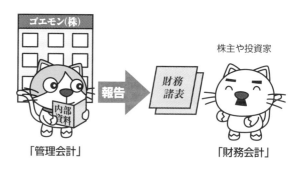

● 原価計算の必要性

　これから学習する「原価計算」について言えることは、「建造物がいくらで造られているか」という**原価情報が重要**であるということです。

　財務会計においては、株主・投資家などが財務諸表を通じて会社の状況（経営成績、財政状態）を知るために原価情報は必要不可欠であり、管理会計においては、経営管理者が今期の業績を評価したり、来期の予算を編成したり、さまざまな意思決定をする際に原価情報が必要不可欠となります。

　そこで、これら企業内外の関係者に対して必要不可欠な原価情報を提供するためのツール（道具）が「原価計算」であり、これからの学習の中心課題となります。

> 管理会計においては原価に関する情報だけではなく利益に関する情報も必要となってきます。

財務会計
財務諸表を作成し、
株主・投資家に報告する

原価計算

管理会計
経営管理に役立てるための
原価資料を作成し、
経営管理者に報告する

原価計算の目的

原価情報の重要性はわかりましたが、そもそも経営管理のためってどういうことなんだろう？
そこで原価計算の目的についてもう少し調べてみることにしました。

● 原価計算の目的

　企業内外の利害関係者の必要に応じて原価情報が提供されます。この観点から原価計算の目的を5つに分類できます。

> これは、企業外部の株主、投資家などの利害関係者が必要とする原価情報をいいます。

(1)　財務諸表作成目的

　原価計算は、株主・投資家など、企業外部の利害関係者が利用する財務諸表（損益計算書や貸借対照表など）を作成するために必要な原価データを提供します。

```
        損 益 計 算 書
××社     自平成×年×月×日
         至平成×年×月×日（単位：円）
Ⅰ  完 成 工 事 高          ×××
Ⅱ  完 成 工 事 原 価         ×× ◀
       完 成 工 事 総 利 益      ×××
Ⅲ  販売費及び一般管理費         ×× ◀
       営 業 利 益            ×××
```

原価計算の提供する原価情報

```
        貸 借 対 照 表
××社    平成×年×月×日（単位：円）
           資 産 の 部
Ⅰ  流 動 資 産
       現 金 預 金            ×××
       完成工事未収入金    ×××
       貸 倒 引 当 金     ×× ×××
       未 成 工 事 支 出 金         ×× ◀
       流 動 資 産 合 計          ×××
Ⅱ  固 定 資 産
    1. 有形固定資産              ××
```

(2)　価格計算目的

　価格計算に必要な原価資料を提供します。

(3) 原価管理目的

　経営管理者の各階層に対して、原価管理に必要な原価資料を提供することをいいます。原価管理とは、原価の標準を設定してこれを指示し、原価の実際の発生額を計算記録し、これを標準と比較して、その差異の原因を分析し、これに関する資料を経営管理者に報告し、原価能率を増進する措置を講ずることをいいます。

第11章の標準原価計算で詳しく学習します。

(4) 予算管理目的

　予算の編成ならびに予算統制のために必要な原価資料を提供することをいいます。

　予算とは予算期間における企業の各業務分野の具体的な計画を貨幣的に表示し、これを総合編成したものをいい、予算期間における企業の利益目標を指示し、各業務分野の諸活動を調整し、企業全般にわたる総合的管理の要具となるものです。

(5) 基本計画設定目的

　経営管理者は、企業の現状を調査・分析し、経営上の問題点を発見します。そしてこの問題点を解決するために、多くの改善案のなかから、最善策を選択する意思決定をしなければなりません。

　原価計算は、このような経営意思決定に必要な原価（および利益）に関する情報を提供します。

　なお、経営意思決定は必要に応じて随時行われますが、長期的な経営計画に関連して決定される「構造的意思決定」と短期の経営計画に関連して決定される「業務的意思決定」の2つに分類されます。

原価計算の種類

原価計算には
どんな種類が
あるのかなぁ？

原価計算にはさまざまな目的があることがわかりました。
目的に応じて計算方法も違ってくるのかなぁ？
そこで原価計算の種類について調べてみることにしました。

原価計算制度と特殊原価調査

　原価計算は複式簿記と結合して常時継続的に計算と記録が行われるか否かによって、(1)原価計算制度と(2)特殊原価調査に分類できます。

(1) 原価計算制度

　原価計算制度とは、財務諸表作成や経営計画などの経常的な目的を達成するために、複式簿記と結合して常時継続的に行われる原価計算をいいます。

(2) 特殊原価調査

　特殊原価調査とは、経営意思決定を行うために、原価計算制度では使用されない原価概念（差額原価、機会原価など）を使用して、必要に応じて随時行われる原価計算をいいます。

原価計算制度と特殊原価調査

	原価計算制度	特殊原価調査
会計機構との関係	財務会計機構と結合した計算	財務会計機構のらち外で実施される計算および分析
実施期間	常時継続的	随時断片的、個別的
技法	配賦計算中心、会計的	比較計算中心、調査的、統計的
活用原価概念	過去原価、支出原価中心	未来原価、機会原価中心
目的機能	財務諸表作成目的を基本とし、同時に原価管理、予算管理などの目的を達成する。	長期、短期経営計画の立案、管理に伴う、意思決定に役立つ原価情報を提供する。

●事前原価計算と事後原価計算

　工事原価の測定を請負工事の前に実施するか、それ以降に実施するかで、(1)事前原価計算と(2)事後原価計算に分類されます。

(1)　事前原価計算

　事前原価計算は、工事原価の測定を請負工事前に実施し、実行予算作成を中心とする原価計算です。

第10章の事前原価計算と予算管理で学習します。

(2)　事後原価計算

　事後原価計算は、実際にかかった原価の測定で、工事期間中に累積されていき、最終的に工事終了後に確定される原価計算です。

●個別原価計算と総合原価計算

　原価計算は製品の生産形態の違いによって、(1)個別原価計算と(2)総合原価計算に分けることができます。

(1) 個別原価計算

個別原価計算とは、顧客の注文に応じて、特定の財貨またはサービスを個別に生産、提供する場合に適用される原価計算の方法をいいます。

(2) 総合原価計算

総合原価計算とは、同じ規格の財貨またはサービスを連続して大量に生産、提供する場合に適用される原価計算の方法をいいます。

以上をまとめると次のようになります。

抽象的でわかりにくいかもしれませんが、これから実際に問題を通じて学習していきますので、折にふれて見返してみてください。全体像を見直すことで頭の整理に役立ちますよ。

原価計算 ┬ 原価計算制度 ┬ 事後原価計算 ─ 個別原価計算
　　　　　│　　　　　　　└ 事前原価計算 ─ 総合原価計算
　　　　　└ 特殊原価調査

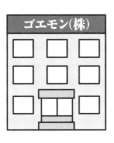

CASE 4

原価について

原価とは？

原価とは？

そもそも原価に含まれるものって何だったっけ？　たしか、工事原価…販売費…。
そこで、原価とは何か？　についてしっかりと調べてみることにしました。

● 原価と非原価

　原価計算制度において原価とは、次の要件を満たすものでなくてはなりません。

> ①原価は経済価値（物品やサービスなど）の消費である。

> ②原価は給付に転嫁される価値である。
> ★給付とは、経営活動により作り出される財貨または用役をいい、最終給付である製品のみでなく、中間給付をも意味します。
> ┌最終給付…製品など
> └中間給付…中間製品、半製品、仕掛品、補助部門の提供するサービスなど

> ③原価は経営目的（生産販売）に関連したものである。

> ④原価は正常なものである。

（原価計算制度上の原価）

　したがって、この4要件を満たすものについて、これから詳しく学習していくことになります。
　一方、この要件を満たさないものを非原価項目といい、原価計算の対象外となります。この非原価項目の具体的なものは以下のようになります。

(1)　**経営目的に関連しないもの（営業外費用）**
　①　次の資産に関する減価償却費、管理費、租税等の費用
　　a　投資資産たる不動産、有価証券

異常な状態とは、いつもより多く仕損が発生するなど、通常の生産活動では起こりえない状態をいいます。このような原因によって生じた費用は非原価項目となります。

　　　b　未稼動の固定資産

　　　c　長期にわたり休止している設備

　② 支払利息、割引料などの財務費用

　③ 有価証券評価損および売却損

(2)　**異常な状態を原因とするもの（特別損失）**

　① 異常な仕損・減損・棚卸減耗・貸倒損失など

　② 火災・風水害などの偶発的事故による損失

　③ 予期しえない陳腐化等によって固定資産に著しい減価が
生じた場合の臨時償却費など

　④ 固定資産売却損および除却損

(3)　**税法上特に認められている損金算入項目**
　　（課税所得算定上、いわゆる経費として認められるもの）

　① 特別償却（租税特別措置法による償却額のうち通常の償
却範囲額を超える額）など

(4)　**その他利益剰余金に課する項目**

　① 法人税、所得税、住民税など

　② 配当金など

● 製造原価（工事原価）と総原価

　原価計算制度においては、いかなる活動のために発生したか
によって原価を次のように分類します。

このような分類を職能別分類といいます。

職能別分類	
製 造 原 価 （工事原価）	製造活動のために発生した原価
販　売　費	販売活動のために発生した原価
一 般 管 理 費	一般管理活動のために発生した原価

　これらを総称して**総原価**といいます。また、販売費と一般管
理費をあわせて営業費といいます。

　このうち原価計算では、製造原価（工事原価）の取扱いが重
要となってきます。

CASE 5 原価について

原価の具体的な分類

ゴエモン（株）

工事原価について調べてみよう。

原価の中でも工事原価の取扱いが重要であることがわかりました。そこでさらにその工事原価について調べてみることにしました。

原価の具体的な分類

CASE 4でみた原価は、さらに(1)形態別、(2)機能別、(3)計算対象との関連、(4)操業度との関連、(5)管理可能性、(6)発生源泉により分類することができます。

(1) 形態別分類

工事を完成させるために、何を消費して発生した原価なのかという基準で、材料費・労務費・外注費・経費に分類する方法を形態別分類といいます。

形態別分類

● 材料費…物品を消費することによって発生する原価
● 労務費…労働力を消費することによって発生する原価
● 外注費…外部供給用役を消費することによって発生する原価
● 経　費…物品・労働力以外の原価要素を消費することによって発生する原価

(2) 機能別分類

　機能別分類とは、企業経営を行ったうえで、原価がどのような機能のために発生したかによって分類する基準で、形態別分類を細分類するための分類です。なお、建設業独特の分類として、原価を工事種類別に区分することなどは、この機能別分類に属します。

形態別分類と機能別分類

形態別分類	機能別分類
材料費	主要材料費、修繕材料費、試験研究材料費など
労務費	直接作業工賃金、監督者給料、事務員給料など
経費 （例：電力料）	動力用電力料、照明用電力用など
販売費及び 一般管理費	広告宣伝費、出荷運送費、倉庫費など

(3) 計算対象との関連における分類

　ある製品（工事）にどれくらい原価が消費されたかを個別に計算できるかどうか、という基準で工事直接費（製造直接費）と工事間接費（製造間接費）に分類する方法を計算対象の関連における分類といいます。

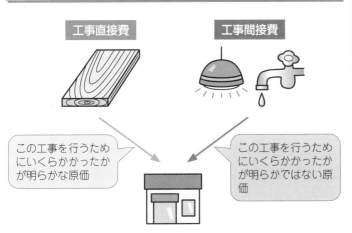

計算対象との関連における分類

● 工事直接費　…一定単位の工事（製品）の製造に関して直接
　（製造直接費）　的に認識される原価
● 工事間接費　…一定単位の工事（製品）の製造に関して直接
　（製造間接費）　的に認識されない原価

工事直接費

工事間接費

この工事を行うためにいくらかかったかが明らかな原価

この工事を行うためにいくらかかったかが明らかではない原価

以上をまとめると次のようになります。

工事原価の分類

計算対象との関連における分類		形態別分類			
		材料費	労務費	外注費	経　費
計算対象との関連における分類	工　事直接費	直　接材料費	直　接労務費	直　接外注費	直　接経　費
	工　事間接費	間　接材料費	間　接労務費	間　接外注費	間　接経　費

> 2級でも学習しましたが、この表は原価計算を学習するうえで、とても重要なものなので、しっかりと覚えておこう。

(4) 操業度との関連における分類

　原価は、**操業度の変化に比例して発生しているか**どうかという視点から**変動費、固定費**に分類することができ、この分類を操業度との関連における分類といいます。

　工事を行う人に支払う賃金は、操業度である直接作業時間に比例して変動的に発生するので**変動費**といい、工事を行うための機械の減価償却費は、操業度とは関係なく固定的に発生する

> 操業度とは一定期間における設備などの利用度合いをいい、操業度を表す単位としては、直接作業時間や機械作業時間などがあります。

ので**固定費**といいます。

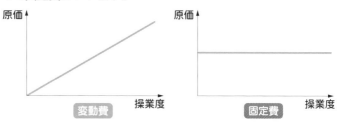

(5) **管理可能性にもとづく分類**

原価は、**一定の階層の管理者**（事業部長など）**にとって管理可能かどうか**という視点から**管理可能費**と**管理不能費**に分類することができ、この分類を管理可能性にもとづく分類といいます。

この分類は業績評価を行ううえで重要なものです。

(6) **発生源泉別分類**

源泉には、原因という意味があります。

発生源泉別分類とは、原価管理（コスト・マネジメント）のために、原価をその発生源泉の観点から分類する基準です。

製造や販売の活動をすると、それに付随して発生する原価で、製造をしなければ発生しない原価を**アクティビティ・コスト（業務活動費）**といいます。たとえば、直接材料費や外注費などです。

一方、製造や販売活動をしなくてもキャパシティ（製造販売能力）を準備および維持するために、一定額発生する原価を、**キャパシティ・コスト（経営能力費）**といいます。たとえば、設備の減価償却費などです。

ある程度の仕事がきても、それを引き受けることができる能力（人員や設備があること）を、キャパシティといいます。

⇔ **問題集** ⇔
問題1 〜 3

第2章

建設業の特質と建設業原価計算

これから、学習する建設業会計は、
どんな特徴があるのかな?
他の産業と違うのかな?

ここでは、建設業の特質と建設業原価計算について
みていきましょう。

建設業の特質と建設業原価計算

これから学習していく建設業における原価計算とは、どのようなものでしょうか。建設業の特質と基本的な概念についてみていきましょう。

● 建設業の特質が原価計算に与える影響

建設業は、他の産業と比べて独特な存在特性があるため、原価計算においても次のような影響があります。

建設業の特質と原価計算への影響

① **受注請負工事**が基本であり、個別原価計算が採用される。

② **公共工事**が多く、受注には入札制度が採用されることが多いため、事前原価計算あるいは原価管理を重視する傾向が強い。

③ 比較的**生産期間（工事期間）が長い**ものが多いため、間接費や共通費の配賦が期間損益計算にあたって重要になる。

④ 建設業の**生産現場は移動的である**ため、共通費をどのように配賦すべきかに注意する必要がある。

⑤ 機材も同様に移動的であるため、**常置性固定資産が少なく**、単純な減価償却計算だけでなく、損料計算が行われる。

⑥ **工事種類（工種）および作業単位が多様である**ため、工種別原価計算が重視される。

⑦ 通常の原価計算では、原価を材料費・労務費・経費の３つに分類するが、建設業では多種多様な専門工事や作業を必要とするため、**外注依存度が高い**。そのため、原価は材料費・労務費・外注費・経費の４つに分類される。

⑧ 生産現場の移動性などの理由から、**建設活動と営業活動との間にジョイント性がある**ため、両者を明確に区別することは難しいが、原価計算的には工事原価と営業関係費（販売費及び一般管理費）とを区別する努力が必要である。

---

⑨ **請負金額や工事支出金額が高額**なので、非原価項目である利子について、原価管理の観点から弾力的な取扱いが要求される場合がある。

⑩ **自然現象や災害と関連が大きい**ことから、リスク・マネジメント的な意味での事前対策費は、健全な原価管理上重要な配慮事項なので、原価性を有すると考えられる。

⑪ **共同企業体（ジョイント・ベンチャー）による受注がある**ことから、完成建設物の部分原価計算という性質を持つ場合がある。

● 建設業工事原価計算の基礎

(1) 原価計算期間

財務会計上の会計期間は、通常1年ですが、原価計算では、原価管理に役立つ最新の原価情報を提供するため、通常1カ月となります。

(2) 工事費と工事原価

工事費とは、工事の受注、工事の施工および企業全体の管理のために必要となる費用で、工事原価と一般管理費等からなります。

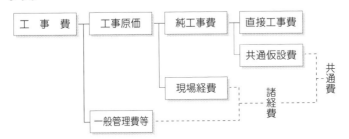

また、工事原価とは受注工事単位に集計された原価のことをいい、通常、完成工事原価と未成工事支出金の金額である全部の施工原価を指します。

			工事利益	工事請負高 （工事完成高）
		販売費及び 一般管理費 （ピリオド・コスト）	工事総原価	
	工事間接費 または 現場共通費	工事原価 （プロダクト・コスト）		
直接材料費				
直接労務費	工事直接費			
外　注　費				
直　接　経　費				

外注費に関しては、ほとんどが工事直接費になります。

(3) 工事原価の計算手続

工事原価を把握していく手続きの全体像は次のとおりです。次の章から詳しく学習していきます。

⊖ 問題集 ⊖
問題4、5

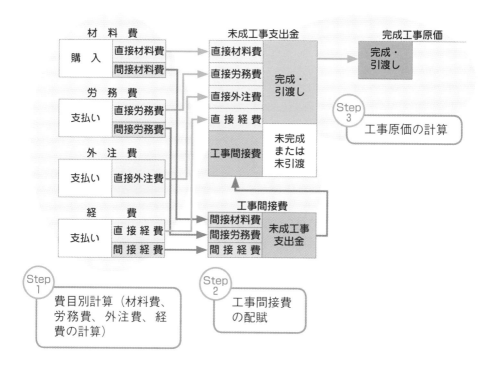

Step 1　費目別計算（材料費、労務費、外注費、経費の計算）

Step 2　工事間接費の配賦

Step 3　工事原価の計算

第3章

工事原価の費目別計算

工事にかかる原価は、どんなものがあるんだろう。
材料費・労務費・外注費・経費の分類などは、
2級でも学習したけど、他にもあるのかな?

ここでは、工事原価の費目別計算について
みていきましょう。

材料費の分類

この材料を使って建物を作っているニャ。

? 材料費はきわめて重要な要素で正確に分類・計算しなければなりません。ゴエモン㈱の工事には、木材、鉄筋、コンクリート、ペンキなどが使用されています。これらはどのように分類されるのでしょうか？

● 材料費の意義と分類

　材料費とは、工事のために直接購入した素材、半製品、製品、材料貯蔵品勘定等から振り替えられた費用（仮設材料の損耗額等を含む）をいいます。

　いくつかの基準にもとづいた分類は次のとおりです。

材料費の分類		
形 態 別 分 類	素材（主要材料）、買入部品（補助材料）、燃料、現場消耗品、消耗工具器具備品	
機 能 的 分 類	直接材料	仮設材料
		コンクリート工事材料
		鉄筋・鉄骨工事材料
		石工事材料
		左官工事材料
	間接材料	雑工事材料

直接材料費

主要材料費

買入部品費

間接材料費

補助材料費

現場消耗品費

消耗工具器具備品費

参考

常備材料と引当材料

　材料の在庫を減らす努力は、どの業種でも行われていますが、建設業では受注生産、単品生産のため、各工事で別々の材料が使われるケースが多くなります。

　そのため、建設資材を貯蔵していても、資材によっては使用されずに無駄になってしまう場合があります。

　そこで、購買管理のために、材料を以下の2つに分類します。

常備材料と引当材料

● 常備材料（買置材料）：各工事で絶えず使用するため、常備しておく材料

● 引当材料（特定材料）：特定の受注製造において使用するために購入（自社で製造）する材料

試験では、「A材料は特定工事用の引当資材である」「B材料は在庫を有する常備資材である」といったように問題文で区別され、それぞれ別の処理方法が設定されることがあります。

材料を購入したときの処理

まいど！

900

ゴエモン㈱は、工事の材料である木材を購入しました。このときの処理についてみてみましょう。

取引　A工事の主要材料A30kg（@100円）とB工事の主要材料B20kg（@75円）を掛けで購入した。なお、購入にあたり支払運賃900円、保管費500円が生じたが、支払運賃は購入代価を基準に、保管費は購入数量を基準にA材料とB材料に配賦する（購入原価は購入代価にすべての副費を加えて計算している）。

用語　**購入代価**…購入代価とは、材料そのものの価額をいい、値引、割戻しがあれば、仕入先からの代金請求額である送状記載価額から差し引いて計算します。

> 仕入割引は収益として処理するので差し引きません。

$$購入代価＝送状記載価額－（値引額＋割戻額）$$

外部副費…外部副費とは、買入手数料、引取運賃など材料を購入してから材料倉庫に入庫されるまでにかかった付随費用をいい、**引取費用**ともいいます。

内部副費…内部副費とは、検収費、保管費など材料倉庫に入庫してから出庫するまでにかかった付随費用をいい、**材料取扱費用**ともいいます。

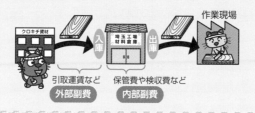

● 材料の購入原価

材料の購入管理における受払記録の方法には、(1)購入時資産処理法、(2)購入時材料費処理法があります。

(1) 購入時資産処理法（原則）

材料の購入、消費について受払記録を行います。材料を購入する際に、一定の方法で購入原価を決定して材料勘定に記録し、貯蔵されていた材料の在庫を消費する際に、材料費に振り替えます。

(2) 購入時材料費処理法

材料の受払記録は省略し、材料を購入の際にすべて消費されてしまうという前提で、購入の際にその購入原価を材料費勘定あるいは、未成工事支出金勘定に記録します。この方法によると、期中の材料の受入れや払出しが把握できないため、期末において、残存材料の評価が必要となります。この材料の評価額は、材料勘定に振り替えられます。

材料の**購入原価**とは原則として**購入代価**に**材料副費**を加算した金額をいい、次の式で示すことができます。

> 購入原価＝購入代価＋材料副費

なお、材料副費が2種類以上の材料の購入に際して共通に発生するときは、材料の購入代価や数量などを基準にして**材料副費をそれぞれの材料に振り分けます（配賦します）**。

したがって、CASE 8 の購入原価は次のように計算します。

▌ CASE 8の材料副費の配賦率

$$支払運賃：\frac{900\,円}{@100\,円 \times 30kg + @75\,円 \times 20kg} = @0.2\,円$$

$$保管費：\frac{500\,円}{30kg + 20kg} = @10\,円$$

建設業では、購入時材料費処理法を適用することが一般的ですが、あくまでも、簡便法です。

購入代価に加算する材料副費は予定配賦率により計算することができます（CASE 9）。

内部副費は購入原価に含めず、経費として処理されることもあります。

CASE 8の材料副費の配賦額

A材料：支払運賃：@0.2円 × @100円 × 30kg = 600円

　　　　　　　　　　配賦率　　　　　購入代価

　　　保 管 費：@10円 × 30kg = 300円

　　　　　　　　配賦率　　購入量

B材料：支払運賃：@0.2円 × @75円 × 20kg = 300円

　　　　　　　　　　配賦率　　　　購入代価

　　　保 管 費：@10円 × 20kg = 200円

　　　　　　　　配賦率　　購入量

CASE 8の購入原価

A材料：@100円 × 30kg + 600円 + 300円 = 3,900円

　　　　　　購入代価　　　　支払運賃　保管費

B材料：@75円 × 20kg + 300円 + 200円 = 2,000円

　　　　　　購入代価　　　　支払運賃　保管費

CASE 8の仕訳

（材　　　　料）	5,900	（工 事 未 払 金）	4,500
		（材 料 副 費）	1,400

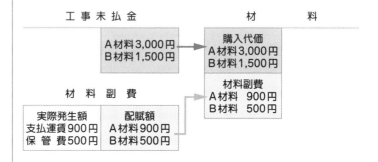

CASE 9 材料購入時の処理

材料副費の予定配賦

埼玉工場 材料倉庫 出庫 → 作業現場

保管費はいくらかかるんだろう？

検収費や保管費など

内部副費

材料副費は、材料の購入代価に加算しますが、材料の購入時点では金額がわからないものもあります。金額が確定してから処理していたら計算が遅れてしまうため、あらかじめ一定額をのせて購入原価を計算することにしました。

例 次の資料にもとづいて各材料の購入原価と材料副費配賦差異を計算しなさい（購入原価は購入代価にすべての副費を加えて計算している）。

［資料1］ 年間資料

(1) 年間予定送状価額（購入代価）と購入数量

	A 材 料	B 材 料
予定送状価額	33,000円	17,000円
予定購入数量	390kg	260kg

(2) 材料副費年間予算額

支 払 運 賃	保 管 費
10,400円	5,850円

［資料2］ 当月実績資料

(1) 送状価額（購入代価）と購入数量

	A 材 料	B 材 料
送状価額	3,000円	1,500円
購入数量	30kg	20kg

(2) 材料副費実際発生額

支 払 運 賃	保 管 費
900円	500円

［問1］ すべての材料副費を購入数量を基準に一括して予定配賦する場合

［問2］ 支払運賃は送状価額（購入代価）を基準に、保管費は購入数量を基準に予定配賦している場合

● 材料副費の予定配賦

　材料副費のなかには、購入時点で、金額がいくら発生するのかわからないものが多くあり、金額が確定してから材料の購入原価に含めて処理していると、計算が遅れてしまいます。そこで、**材料副費の一部または全部について、予定配賦率を使った予定配賦額を購入原価に含めることが認められています。**

● 予定配賦率の算定

　材料副費を予定配賦するには、まず期首に1年間の材料副費の予定総額（予算額）を見積り、これを1年間の購入代価や購入数量などの予定配賦基準数値で割って、**予定配賦率**を求めます。

　この場合、**材料副費全体で1つの予定配賦率（総括配賦率）を用いる方法**と**材料副費の費目ごとに別個の予定配賦率（費目別配賦率）を用いる方法**の2つがあります。

$$予定配賦率 = \frac{1年間の材料副費予算額}{1年間の予定配賦基準数値}$$

CASE 9の予定配賦率

問1. 総括配賦率：$\dfrac{10,400円 + 5,850円}{390kg + 260kg} = @25円$

問2. 費目別配賦率：支払運賃；$\dfrac{10,400円}{33,000円 + 17,000円}$

$$= @0.208円$$

保管費；$\dfrac{5,850円}{390kg + 260kg} = @9円$

問1：材料1kg分に対し、25円の材料副費（運賃と保管費）を上乗せすることに決めました。

問2：材料1円分に対し、0.208円の運賃を上乗せし、材料1kg分に対し9円の保管費を上乗せすることに決めました。

● 予定配賦額の計算と購入原価の計算

　当月の材料の購入原価に含める材料副費の予定配賦額は**予定配賦率**に当月の支払運賃や購入数量などの**実際配賦基準数値**を掛けて求めます。

$$予定配賦額 = 予定配賦率 × 実際配賦基準数値$$

したがって、CASE 9の材料副費予定配賦額および材料の購入原価は次のようになります。

CASE 9の材料副費予定配賦額
　問1．A材料：@25円×30kg＝750円

　　　　B材料：@25円×20kg＝500円

　問2．A材料：支払運賃：@0.208円×3,000円＝624円

　　　　　　　　保　管　費：@9円×30kg＝270円

　　　　B材料：支払運賃：@0.208円×1,500円＝312円

　　　　　　　　保　管　費：@9円×20kg＝180円

CASE 9の材料の購入原価
　問1．A材料：3,000円＋750円＝3,750円
　　　　　　　　購入代価　材料副費

　　　　B材料：1,500円＋500円＝2,000円
　　　　　　　　購入代価　材料副費

　問2．A材料：3,000円＋624円＋270円＝3,894円
　　　　　　　　購入代価　支払運賃　保管費

　　　　B材料：1,500円＋312円＋180円＝1,992円
　　　　　　　　購入代価　支払運賃　保管費

● 材料副費配賦差異の計算

　当月の材料副費の実際発生額が月末に明らかになったら、予定配賦額と実際発生額の差額を材料副費配賦差異として、材料副費勘定から材料副費配賦差異勘定に振り替えます。

$$\boxed{\text{材料副費配賦差異＝予定配賦額－実際発生額}}$$

　したがって、CASE 9の材料副費配賦差異は次のようになります。

CASE 9の材料副費配賦差異
　問1．$\underset{\text{予定配賦額1,250円}}{\underline{@25円×(30kg＋20kg)}} － \underset{\text{実際発生額1,400円}}{\underline{(900円＋500円)}}$

　　　　＝△150円（借方・不利差異）

問2. 支払運賃：

$$@0.208円 \times (3{,}000円 + 1{,}500円) - 900円 = +36円（貸方・有利差異）$$

予定配賦額936円　　　　　実際発生額

　保　管　費：

$$@9円 \times (30kg + 20kg) - 500円 = \triangle 50円（借方・不利差異）$$

予定配賦額450円　　　　　実際発生額

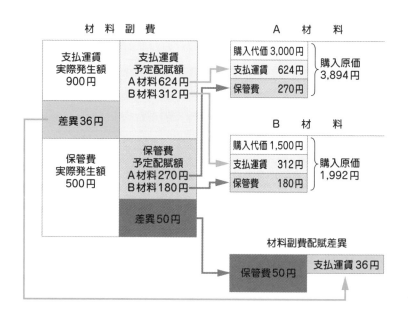

予定価格による材料の購入原価の計算

もっと楽な記帳方法
ないかなぁ・・・。

材料元帳

材料を購入または消費
したときに材料元帳に
丁寧に記帳していたゴエモン
君。しかし、当月は何度も購
入したため、帳簿記入がめん
どうになっています。
そこで調べてみると、予定価
格を使うことで記帳が楽にな
ることがわかりました。

取引 ゴエモン㈱では、材料はすべて掛けで仕入れ、材料勘定は予定価
格（@ 120円）で借記されている。また、材料はすべて直接材料
として消費されている。
当月に購入した材料は50kgで実際の購入単価は@ 128円であり、
そのうち40kg消費した。

予定価格による購入原価の計算

　材料の購入原価はCASE 8で学習したように原則として実際
の購入原価で計算しますが、**予定価格で計算することもできま
す。**

　この方法によると、**材料勘定はすべて「予定価格×実際数
量」で簡単に計算**できます。

　また、実際購入原価との差額により**材料受入価格差異を把握**
することで、購入単価が予定より高かったのか安く済んだのか
が購入時に判断でき、材料の購買活動の管理に役立つという特
徴があります。

材料受入価格差異＝（予定価格ー実際価格）×実際購入量

したがって、CASE10の材料勘定の計算および材料受入価格差異は次のようになります。

CASE10の材料勘定の計算
購 入 原 価：@120円×50kg＝6,000円
材 料 消 費 額：@120円×40kg＝4,800円
月末材料有高：@120円×10kg＝1,200円

CASE10の材料受入価格差異
（@120円－@128円）×50kg＝△400円（借方・不利差異）

CASE10の仕訳
（材　　　　料）　　6,000　　（工 事 未 払 金）　　6,400
（材料受入価格差異）　　400

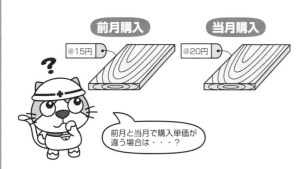

CASE 11　材料消費時の処理

材料消費額の計算

材料費の計算は、材料を購入したときの金額にもとづいて計算されます。しかし、同じ材料でも前月（10月）の購入単価と今月（11月）の購入単価が違うのですが、この場合の材料費はどのように計算したらよいのでしょうか?

前月と当月で購入単価が違う場合は・・・?

例 買置き部材である木材を、当月において80枚消費した。なお月初材料は30枚（@15円）、当月材料購入量は90枚（@20円）であった。

材料元帳の記録を行う材料費の計算

材料元帳の記録を行う材料の消費額の計算をするためには、消費数量をどのように求めるのか、消費単価をいくらで計算するのかという問題があります。

まずは消費数量をどのように求めるのか、という点からみていきましょう。

消費数量の計算

材料の消費数量の計算には、(1)**継続記録法**と(2)**棚卸計算法**があります。

(1)　継続記録法

継続記録法とは材料の受入れ・払出しのつど、その数量を記録することで、絶えず帳簿残高を明らかにする方法であり、消費数量は材料元帳より明らかとなります。

> 消費数量＝材料元帳の払出数量欄に記入された数量

　また、帳簿残高と実際残高を比較することで、棚卸減耗を把握することができます。

(2)　棚卸計算法

　棚卸計算法とは材料の受入れのみをそのつど記録し、月末に実地数量が判明したら、次の計算式によって消費数量を計算する方法をいいます。

> 消費数量＝月初数量＋当月購入数量－月末実地棚卸数量

　この棚卸計算法では、帳簿残高が判明しないので、棚卸減耗は把握できません。

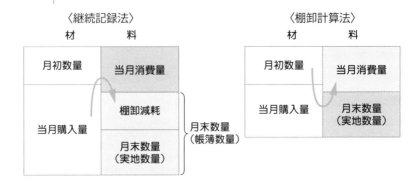

● 消費単価の計算

　材料の消費単価は原則として材料の実際購入単価にもとづいて計算します。

　なお、同じ材料でも購入時期や仕入先によって購入単価が異なるので、先入先出法、平均法（総平均法、移動平均法）、個別法のいずれかにより材料の消費単価を決定することになります。

　先入先出法と総平均法が重要なので以下具体的にみていきます。

(1) 先入先出法（First In First Out Method：FIFO）

先入先出法とは、先に購入した材料を先に払い出したものと仮定して消費単価を決定する方法をいいます。

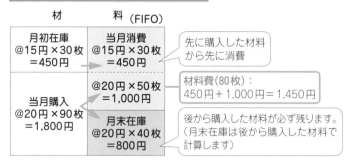

CASE11の材料費（先入先出法）

材　料（FIFO）

月初在庫 @15円×30枚 =450円	当月消費 @15円×30枚 =450円
当月購入 @20円×90枚 =1,800円	@20円×50枚 =1,000円
	月末在庫 @20円×40枚 =800円

先に購入した材料から先に消費

材料費(80枚)：
450円＋1,000円＝1,450円

後から購入した材料が必ず残ります。
（月末在庫は後から購入した材料で計算します）

(2) 総平均法（Average Method：AM）

総平均法とは、一定期間の総平均単価を求め、この平均単価を消費単価とする方法をいいます。

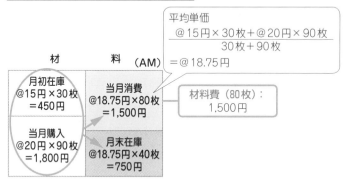

CASE11の材料費（総平均法）

平均単価
$$\frac{@15円 \times 30枚 + @20円 \times 90枚}{30枚 + 90枚} = @18.75円$$

材　料（AM）

月初在庫 @15円×30枚 =450円	当月消費 @18.75円×80枚 =1,500円
当月購入 @20円×90枚 =1,800円	月末在庫 @18.75円×40枚 =750円

材料費(80枚)：
1,500円

予定価格による材料消費額の計算①

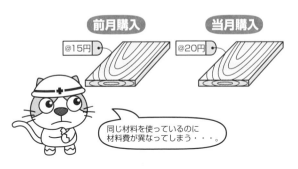

材料の消費単価をCASE11のように実際消費単価で計算していると、その計算に手間と時間がかかり、材料費の計算が遅れてしまいます。そこで調べてみたら、予定消費単価を使うとよいことがわかりました。

取引 当月において木材80枚を消費した。なお、予定消費単価は@18円である。

予定消費単価による材料消費額の計算

　材料の消費単価を先入先出法や平均法で決定した実際の消費単価で計算している場合、一定期間が終わらないと実際の消費単価の計算ができず、材料費の計算が遅れるなどの問題が生じます。

月末にならないと材料消費額が計算できないので計算が遅れるぞ、困ったニャ…。

そこで、1年間の材料の消費単価を決定して、この予定消費単価を用いて毎月の材料の消費額を計算する方法があります。

　この場合、材料消費額は次のように計算します。

> 材料費（予定消費額）＝予定消費単価×実際消費数量

　したがって、CASE12の材料費は次のようになります。

CASE12の材料費

@18円 × 80枚 = 1,440円

CASE12の仕訳

（未成工事支出金）　1,440　（材　　　料）　1,440

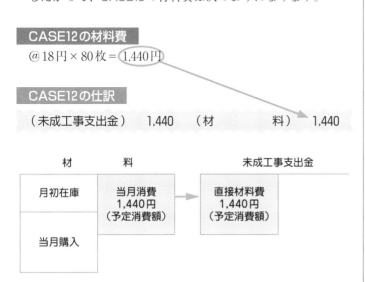

材　　料		未成工事支出金
月初在庫	当月消費 1,440円 （予定消費額）	直接材料費 1,440円 （予定消費額）
当月購入		

予定価格による材料消費額の計算②

えーと・・・。
月末の処理は・・・？

ネコでもわかる
原価計算

予定消費単価を用いて
材料費を計算している
場合は、月末に先入先出法や
平均法の仮定にもとづいて、
材料の実際消費額を計算し、
予定消費額との差額から材料
消費価格差異を計上しなけれ
ばなりません。

取引 当月の直接材料費の実際消費額は平均法で計算すると1,500円
（@18.75円×80枚）であった。なお、予定消費額は、1,440円
（@18円×80枚）であり、予定消費額により会計処理している。

予定消費単価を用いた場合の月末の処理

　予定消費単価を用いて材料の消費額を計算している場合で
も、月末に、先入先出法や平均法の仮定にもとづいて実際消費
額を計算します。

　そして、予定消費額と実際消費額の差額を材料消費価格差異
として材料勘定から材料消費価格差異勘定へ振り替えます。

> 材料消費価格差異＝予定消費額－実際消費額
> 　　　　　　　　または
> 　（予定消費単価－実際消費単価）×実際消費量

　したがって、CASE13の材料消費価格差異は次のようになり
ます。

CASE13の材料消費価格差異

1,440円 − 1,500円 = △60円（借方・不利差異）

予定消費額　実際消費額

> このズレは予定消費単価（@18円）と実際消費単価（@18.75円）の違いから生じたものといえます。

CASE13の仕訳

（材料消費価格差異）　60　（材　　　料）　60

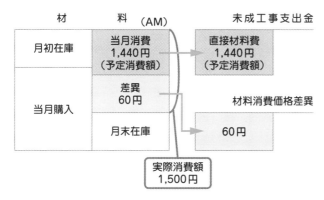

材　　料　（AM）		未成工事支出金
月初在庫	当月消費 1,440円 （予定消費額）	直接材料費 1,440円 （予定消費額）
当月購入	差異 60円	材料消費価格差異
	月末在庫	60円

実際消費額
1,500円

注意 予定消費単価は消費額の計算だけに使い、月末在庫の計算は先入先出法や平均法による実際単価を使って計算します。

仮設材料の処理

あれ？
仮設材料の費用は…？

足場は次の現場で
また使いますよ。

工事現場で作業をするには、建物等を作るために消費される材料の他に、建設工事用の足場、型わく、山留用材、ロープ、シート、危険防止用金網等、工事を補助するために必要な材料も用いられます。これらの処理について、みていきましょう。

例 仮設材料である甲材料について、各工事における当月消費額を求めなさい。なお、当社は、甲材料については、すくい出し方式を採用している。当月中の工事別仮設材料投入額と仮設工事終了時評価額は、次のとおりである。

	No.201	No.202	No.203
仮設材料投入額	870,000円	1,357,000円	570,000円
仮設材料評価額	247,000円	459,600円	（未完了）

● 仮設材料とは

仮設材料とは、工事を補助する目的で用いられ、再び他の工事現場においても使いまわされる可能性のある材料をいい、消費されると**仮設材料費**に振り替えられます。仮設材料が、工事の完了により撤去される共通仮設部分であるという特徴を持つことから、仮設材料費は、**工事共通費**として扱われます。

● 仮設材料の処理方法

仮設材料の処理方法には、(1)社内損料計算方式、(2)すくい出し方式があります。

(1) 社内損料計算方式

社内損料計算方式とは、社内の他部門のサービスを、あたかも社外から調達して使用料を支払うかのように計算して、その金額を工事原価に算入する方式です。

事前に仮設材料の使用による傷み具合を使用日数あたりについて損料として計算しておいて、後日、差異を調整します。

(2) すくい出し方式

すくい出し方式とは、仮設材料が工事現場において使用された時点で取得原価を工事原価へ振り替え、工事完了時点において、仮設材料になんらかの資産価値が認められる場合には、その評価額を工事原価から控除する方法です。

したがって、CASE14の計算は次のようになります。

CASE14の当月消費額

No.201　870,000円 − 247,000円 = 623,000円
　　　　仮設材料投入額　仮設材料評価額

No.202　1,357,000円 − 459,600円 = 897,400円
　　　　　仮設材料投入額　仮設材料評価額

No.203　570,000円
　　　　仮設材料投入額

詳しくは、CASE44以降で学習します。

損料とは、使用料のことをいいます。

原則は、社内損料計算方式ですが、法人税法では、全面的にすくい出し方式を許容しています。

⇔ 問題集 ⇔
問題6〜8

第3章　工事原価の費目別計算　39

労務費の分類

今日もごくろうさま！

おつかれさまです。

ゴエモン㈱には、工員、事務員がいます。これらのヒトにかかる賃金や給料、ボーナス、通勤、住宅手当などの支給は、どのように分類されるのでしょうか？

労務費の分類

労務費とは、目的生産物（建物など）の完成のために労働力を消費することにより発生する原価をいい、次のように分類されます。

労務費の分類		
形　態　別分　　　類	賃金（加給金を含む）、給料、雑給、従業員賞与手当（退職給付引当金繰入額）、法定福利費	
機　能　的分　　　類	**直接労務費**	工種別直接賃金
	間接労務費	間接作業賃金
職　種　別分　　　類	特殊作業賃金、普通作業賃金、軽作業賃金、とび工賃金、鉄筋工賃金、特殊運転手賃金、一般運転手賃金、大工賃金、左官賃金	

とにかく、
ヒトにかかる費用は労務費なんだね。

ただし、建設業における労務費は、次のように国土交通省が告示するものに限定されます。

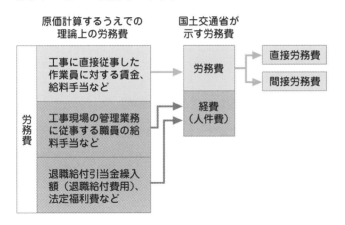

労務外注費

労務外注費とは、労務費のうち、工種・工程別などの工事の完成を約する契約で、その大部分が労務費であるものにもとづく支払額をいいます。

発注形態からすれば、外注費にあたりますが、実質的に、工事現場での労務作業とほぼ同等の内容である場合は、外注費から除外し、労務費に含めて処理します。

⇔ 問題集 ⇔
問題9

賃金や給料を支払ったときの処理

ゴエモン㈱の給料日は
毎月25日。

今日は25日なので、支払賃金
と通勤手当の給与支給総額
1,000円のうち源泉所得税と社
会保険料を差し引いた残額を
従業員に支払いました。

取引 当月の賃金の支給額は1,000円でこのうち源泉所得税と社会保険
料の合計100円を差し引いた残額900円を現金で支払った。

賃金や給料を支払ったときの処理

　賃金や給料は、**基本賃金＋加給金**の支払賃金に通勤手当など
の**諸手当**を加えた給与**支給総額**から源泉所得税や社会保険料な
どの**預り金**を控除して支給されます。

> 賃金勘定の借方は
> 支給総額で処理さ
> れます。

CASE16の仕訳

| （賃　　　　金） | 1,000 | （預　　り　　金） | 100 |
| | | （現　　　　金） | 900 |

加給金と諸手当の違い

　加給金とは、基本賃金のほかに支払われる、作業に直接関係の
ある手当をいいます（残業手当、能率手当などです）。
　諸手当とは、直接作業には関係のない手当です（家族手当、住
宅手当、通勤手当などです）。

賃金や給料の消費額の計算

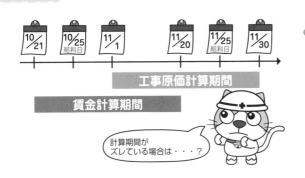

賃金や給料の消費額は、賃金の支払額をもとに計算されます。しかし、ゴエモン㈱の賃金の計算期間は前月21日から当月20日までで、支給日は毎月25日です。このように工事原価計算期間と賃金計算期間が違う場合、賃金・給料の消費額はどのように計算したらよいのでしょう？

取引 11月の賃金支給額は1,000円であった。なお前月未払額（10月21日～10月31日）は300円、当月未払額（11月21日～11月30日）は250円である。

● 賃金計算期間と工事原価計算期間のズレ

　賃金の支払額を計算するための期間を賃金計算期間といい、この賃金の支払額をもとにして、賃金の消費額は計算されます。

　しかし、この賃金計算期間は必ずしも1日から月末までとは限らず、たとえば「毎月20日締めの25日払い」などがあり、この場合、前月の21日から当月の20日までが賃金の支払額の計算期間となります。

　これに対して賃金の消費額の計算は、必ず毎月1日から月末までの工事原価計算期間に対して行うので、賃金の支払額の計算期間と賃金の消費額の計算期間にズレが生じます。

　したがって、賃金の消費額を計算するためには、次のようにしてこのズレを調整する必要があります。

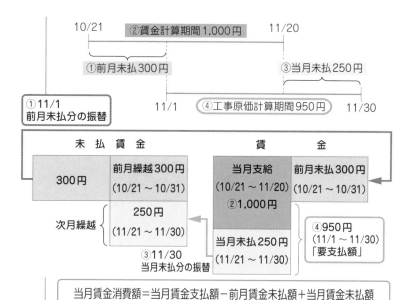

$$当月賃金消費額＝当月賃金支払額－前月賃金未払額＋当月賃金未払額$$

注意　当月賃金消費額のことを、工事原価計算期間における要支払額ともいいます。

　したがって、CASE17（上記、図の①～④）の仕訳は次のようになります。

工事原価計算期間の要支払額とは、賃金計算期間と工事原価計算期間のズレを調整し、工事原価計算期間（1日～月末）での金額に修正したもの、つまり工事原価計算期間に支払うべき金額をいいます。

CASE17の仕訳

① 前月未払賃金の再振替仕訳

（未 払 賃 金）	300	（賃 　 　 　 金）	300

② 当月支給

（賃 　 　 　 金）	1,000	（預 　 り 　 金）	100
		（現 　 　 　 金）	900

③ 当月未払賃金の振替え

（賃 　 　 　 金）	250	（未 払 賃 金）	250

④ 当月消費

（未成工事支出金）	×××	（賃 　 　 　 金）	950
（工 事 間 接 費）	×××		

直接作業員の賃金消費額の計算

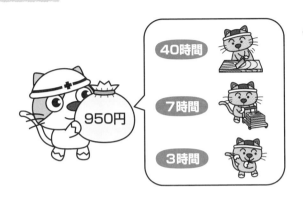

40時間

7時間

3時間

950円

ゴエモン㈱では11月の直接作業員の賃金消費額を計上しようとしています。CASE17より、賃金消費額は950円であり、直接作業員の作業時間の内訳は、直接作業40時間と間接作業7時間、手待時間3時間です。さて、どのような処理をしたらよいでしょう？

取引 11月の直接作業員の賃金消費額を計上する。なお、11月の直接作業員の賃金消費額は950円、作業時間は50時間（うち直接作業時間は40時間、間接作業時間は7時間、手待時間は3時間）であった。

● 直接作業員の賃金消費額の計算

　直接作業員は主として直接作業を行いますが、一時的に材料の運搬などの間接作業などを行うこともあります。

　直接作業員の賃金消費額のうち、直接作業分の賃金のみが直接労務費となり、その他の作業分の賃金は間接労務費となります。そのため、直接作業員の賃金の消費額は、作業時間の測定にもとづいて**消費賃率**（1時間あたりの賃金）に**実際作業時間を掛けて計算**します。

直接作業員の作業時間

直接作業員の1日の作業時間の内訳を示すと、次のようになります。

勤務時間				
就業時間 （賃金の支払対象）				定時 休憩時間
実働時間			手待時間	
直接作業時間		間接作業時間		
加工時間	段取時間			
◄── 直接労務費 ──►		◄──── 間接労務費 ────►		

このうち加工時間と段取時間をあわせた直接作業時間分が直接労務費となり、間接作業時間と手待時間をあわせた分が間接労務費となります。

直接作業員の作業時間

勤 務 時 間	作業員が出社してから退社するまでの時間
定時休憩時間	昼休みや私用外出など作業員が自らの責任で職場を離れた時間で、賃金の支払対象にならない時間
就 業 時 間	勤務時間のうち賃金の支払対象となる時間
手 待 時 間	停電や材料待ちなど**作業員の責任以外の原因で作業ができない時間**
間接作業時間	直接作業員が運搬など**補助的な作業を行った場合の時間**
直接作業時間	**直接に工事現場作業に従事している時間**をいい、さらに加工時間と段取時間に分けられる。
加 工 時 間	建設作業を行う時間
段 取 時 間	建設作業前の準備時間や建設途中における機械の調整工具の取替えのための時間

● 消費賃率の計算

　賃金の支払対象時間が就業時間であるので、消費賃率は直接作業員の消費賃金を就業時間で割って求めます。

$$消費賃率 = \frac{直接作業員の消費賃金 〈当月支給額 - 前月未払額 + 当月未払額〉}{就業時間 〈直接作業時間 + 間接作業時間 + 手待時間〉}$$

　したがって、CASE18の直接作業員の賃金消費額は次のようになります。

CASE18の直接作業員の賃金消費額

①消費賃率：$\dfrac{950円}{50時間} = @19円$

②直接労務費：@19円 × 40時間 = 760円

③間接労務費：@19円 × (7時間 + 3時間) = 190円

CASE18の仕訳

（未成工事支出金）	760	（賃　　　　金）	950
（工 事 間 接 費）	190		

賃　　　金		未成工事支出金
支払額 1,000円	前月未払額 300円	直接労務費 760円
	直接労務費 760円	工 事 間 接 費
当月未払額 250円	間接労務費 190円	間接労務費 190円

とても重要

直接作業員の賃金消費額＝消費賃率×実際作業時間	
内訳	直接労務費＝消費賃率×直接作業時間
	間接労務費＝消費賃率×(間接作業時間＋手待時間)

直接作業員の予定賃率による賃金消費額の計算①
賃金を消費したときの処理

ゴエモン(株)

予定賃率で計算すればいいのか…。

ネコでもわかる
原価計算

直接作業員の賃率を計算するとき、CASE18のように実際の賃率で計算すると、材料費の場合と同様にその計算に手間と時間がかかり、労務費の計算が遅れてしまいます。そこで、調べてみたら予定賃率を用いて計算するとよいことがわかりました。

取引 当月の直接作業員の賃金消費額を計上する。なお、年間の直接作業員の予定賃金・手当総額は10,800円であり、年間予定就業時間は600時間、当月の直接作業員の直接作業時間は40時間、間接作業時間は7時間、手待時間は3時間であった。

予定賃率の決定

CASE12で材料消費単価を予定消費単価で計算したように、直接作業員の消費賃率についても、必要な場合には予定賃率により計算することができます。

予定賃率は期首の時点で年間予定賃金・手当総額と年間予定就業時間を見積り、年間予定賃金・手当総額を年間予定就業時間で割って決めておきます。

$$\text{予定賃率} = \frac{\text{年間予定賃金・手当総額}}{\text{年間予定就業時間}}$$

$$\frac{10,800円}{600時間} = @18円$$

予定消費額の計算

予定消費額は、先ほど求めた予定賃率に実際の作業時間を掛けて計算します。

> 予定消費額＝予定賃率×実際作業時間

したがって、CASE19の直接作業員の賃金消費額は次のようになります。

CASE19の賃金の予定消費額

直接労務費：@18円×40時間＝720円

間接労務費：@18円×（7時間＋3時間）＝180円

> 直接作業員の間接作業時間・手待時間に対する賃金も予定賃率で計算します。

CASE19の仕訳

（未成工事支出金）	720	（賃　　　　金）	900
（工　事　間　接　費）	180		

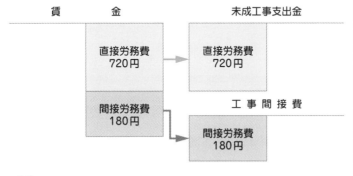

 賃率が実際でも予定でも消費量が実際数値であれば、計算される消費額は実際原価となります。

20

直接作業員の予定賃率による賃金消費額の計算②月末の処理

月末だから、実際消費額を計算して差異を把握！

今日は月末。

ゴエモン㈱では、直接作業員の賃金について、予定賃率を用いて計算しています。そこで、材料費会計と同様に、月末に実際消費額を計算して差異を把握しなければなりません。

取引 当月の直接作業員の予定賃金消費額は900円（予定賃率@18円×50時間）であった。また、当月の実際の賃金支給額は1,000円、前月末払額は300円、当月末払額は250円であった。なお、当月の直接作業員の実際作業時間は50時間である。

予定賃率を用いる場合の月末の処理

　材料費会計で学習したように、予定消費賃金を計算したら実際消費賃金を計算します。

CASE20の実際消費賃金

　1,000円 − 300円 + 250円 = 950円

　次に、予定消費賃金と実際消費賃金との差額から**賃率差異**を把握します。

> 賃率差異＝予定消費額−実際消費額
> または
> （予定賃率−実際賃率）×実際作業時間

$$900円 - \underset{\text{実際消費額}}{\underline{(1,000円 - 300円 + 250円)}} = \triangle 50円(借方・不利差異)$$

このズレは予定賃率（＠18円）と実際賃率

$$\left(\frac{1,000円 - 300円 + 250円}{50時間}\right)$$

＝＠19円

の違いから生じたものといえます。

CASE20の仕訳

（賃　率　差　異）　　50　（賃　　　金）　　50

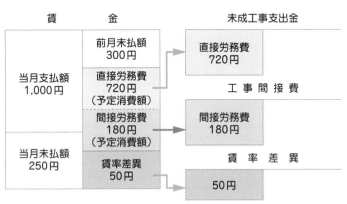

間接作業員賃金消費額とその他の人件費の計算

ゴエモン㈱では、11月の間接作業員の賃金消費額と事務員さんの給料を計上しようとしています。さて、どのような処理をしたらよいでしょう？

取引 11月の間接作業員の賃金支給額は500円であった。なお前月未払額（10月21日～10月31日）は150円、当月未払額（11月21日～11月30日）は100円である。

● 間接作業員の賃金消費額の計算

　間接作業員とは、直接作業以外の作業を行う作業員のことをいい、**その賃金消費額はすべて間接労務費**となるので、直接作業員のような作業時間の把握と消費賃率の計算は行いません。そこで、間接作業員の賃金消費額は工事原価計算期間において支払うべき金額**（要支払額）**をもって消費額とします。

　したがって、CASE21の間接作業員の賃金消費額は次のようになります。

CASE21の間接作業員の賃金消費額

500円 − 150円 + 100円 = 450円

CASE21の仕訳

（工 事 間 接 費）　　450　　（賃　　　　金）　　450

賃　　金

当月支給額 500円 (10/21 ～ 11/20)	前月末払額 150円 (10/21 ～ 10/31)
	450円 (11/1 ～ 11/30) 「要支払額」
当月末払額 100円 (11/21 ～ 11/30)	

工　事　間　接　費

間接労務費
450円

その他の人件費の計算

　事務員などの給料についても、**間接作業員賃金と同様に要支払額**をもって消費額とします。

　また、**法定福利費、退職給付費用**などの**その他の人件費**については、**実際発生額**または**月割引当額**を消費額とします。

　これらはいずれも**工事経費**として**工事間接費**に計上します。

経費の取扱いは
CASE23で学習します。

外注費の処理

もう配管は外注にします！

終わんないよ。

ゴエモン㈱は、建物の建設にあたって、電気工事や配管工事を外部の業者に委託しました。
これらにかかった費用はどのように処理するのかみていきましょう。

> **取引** ゴエモン㈱は、電気工事について下請業者に委託している（下請契約1,000円）。本日、下請業者から工事の出来高は40%であるとの報告を受けた。

ただし、外注費のうち大部分が人件費である場合は、労務費として処理することもできます。

外注費とは

　建設業においては、自社が施工せずに電気工事やガスの配管工事などを外部の業者に委託することがあります。そしてこの外部業者に対して委託した工事にかかる原価を**外注費**として処理します。

　この外注費は、一般的な製造業においては経費として処理されますが、建設業では外注費の割合が非常に高いことが多いため経費から分離して処理します。

外注費の処理

　外注費は、下請業者から報告される工事の出来高（進行度合）に応じて**外注費勘定**または**未成工事支出金勘定**で処理します。

（外　注　費）　400　（工事未払金）　400

　　　　　　　1,000円×40%

　なお、下請契約時に工事代金を前払いした場合は、支払額を
工事費前渡金で処理します。

（工事費前渡金）×××　（当　座　預　金）×××

　そのため、仮にCASE22の取引においてすでに工事代金300
円を前払いしていた場合は次のように処理します。

（外　注　費）　400　（工事費前渡金）　300
　　　　　　　　　　　（工事未払金）　100

CASE 23

経費の分類

経費って、いっぱいありそう。

経費は材料費、労務費および外注費以外の費用ですが、機械の減価償却費、電気代以外にどんなものがあり、どのように分類されるのでしょう？

経費の分類

経費とは、**材料費、労務費および外注費以外**の原価要素を消費することにより発生する**原価**をいいます。

経費も材料費、労務費および外注費と同様、どの工事にいくら使ったかを把握できるか否かにより直接経費と間接経費に分類できます。

直接経費

ゴエモン（株）

シロヒメ塗装

あいよ！色、塗れたよ！

800

ありがとう！

間接経費

経費の分類

形 態 別分 類		動力用水光熱費、減価償却費、従業員給料手当、福利厚生費、通信交通費、賃借料
機 能 別分 類	直接経費	仮設経費、機械等経費、運搬費
	間接経費	現場管理費、その他経費
測定方法による 分 類		支払経費、月割経費、測定経費、発生経費

間接経費の計算

間接経費ってどうやって計算するんだろう？

間接経費には、いろいろなものがありますが、それぞれ、どのように計算していくのでしょう？

例　各経費の当月消費額を計算する。

①修繕費：当月支払額　4,800円（うち前月未払額　900円）
　　　　　当月未払額　1,100円

②保管料：前月前払額　50円
　　　　　当月支払額　700円（うち当月前払額　150円）

③機械減価償却費：年間見積額　9,600円

④水道代：基本料金　200円　当月使用量　50m^3　単価　15円/m^3

⑤材料棚卸減耗費：帳簿残高　9,200円、実際残高　8,500円

間接経費の計算

　間接経費は消費額の計算方法の違いによって以下の4つに分類することができます。

(1) 支払経費

　支払経費とは、実際支払額をその工事原価計算期間における消費額とする経費をいい、**修繕費**、**保管料**などがあります。

　通常は、実際の支払額で計算しますが、経費の前払額や未払額がある場合にはそれらを加減算して、次のように差額で当月の消費額を計算します。

〈未払額のケース〉

当月支払額 4,800円	前月未払額 900円
	当月消費額 5,000円（貸借差額）
当月未払額 1,100円	

〈前払額のケース〉

前月前払額 50円	当月消費額 600円（貸借差額）
当月支払額 700円	
	当月前払額 150円

CASE24　①②の当月消費額

①修繕費：4,800円 − 900円 + 1,100円 = 5,000円

②保管料：700円 + 50円 − 150円 = 600円

(2) 月割経費

　月割経費とは、一定期間の費用発生額を月割りして、月割額をその工事原価計算期間の消費額とする経費をいい、工場の機械の減価償却費、賃借料、保険料などがあります。

CASE24　③の当月消費額

③機械減価償却費：9,600円 ÷ 12カ月 = 800円

(3) 測定経費

　その原価計算期間における消費量を工場内のメーターで内部的に測定し、その消費量にもとづいて工事原価計算期間の消費額を計算することができる経費をいい、工場内で使用する電力料、ガス代、水道代などがあります。

CASE24　④の当月消費額

④水道代：200円 + 15円／m^3 × 50m^3 = 950円

(4) 発生経費

　発生経費とは実際発生額をもって、その工事原価計算期間における消費額とする経費をいい、材料棚卸減耗費などがあります。

CASE24　⑤の当月消費額

⑤材料棚卸減耗費：9,200円 − 8,500円 = 700円

一般管理業務と現場管理業務を兼務する役員の報酬

　一般管理業務と現場管理業務を兼務する役員の報酬については、現場業務に携わった分の金額を工事原価に算入します。

例　次の資料にもとづいて、工事原価に算入する金額を答えなさい。

［資　料］
1. 役員A氏は一般管理業務に携わるとともに、現場管理業務も兼務している。役員報酬のうち、担当した工事業務に係る分を、従事時間数により工事原価に算入する。また、工事原価と一般管理費の業務との間には等価係数を設定している。
2. A氏の当月役員報酬額 100,000円
3. 各管理業務の従事時間
　　一般管理　100時間　施工管理　50時間
4. 業務間の等価係数（1時間当たり）
　　一般管理 1.0　　施工管理 2.0

> 施工管理のための費用は、工事経費として扱います。

解答

$$100,000円 \times \frac{50時間 \times 2.0}{100時間 \times 1.0 + 50時間 \times 2.0} = 50,000円$$

第4章

工事間接費（現場共通費）の配賦

お客さんからの注文に応じて建設する
個別原価計算ってどういうものだったかな？

ここでは2級の復習を兼ねて
個別原価計算の一連の流れを確認した後で、
個別原価計算の重要論点である
工事間接費の計算についてみていきましょう。

工事間接費（現場共通費）の配賦

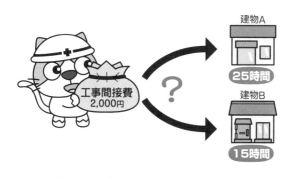

建物A
25時間

建物B
15時間

工事間接費は、複数の工事に共通して発生する原価のことであり、どのエ事にいくらかかったかが明らかではありません。このような工事間接費は、どのように工事台帳に振り分ければよいのでしょう？

例 工事間接費の実際発生額は2,000円である。なお、工事間接費は下記の直接作業時間をもとに、各工事台帳に配賦する。

	No. 1 （建物 A）	No. 2 （建物 B）
直接作業時間	25時間	15時間

用語 配　賦…工事間接費を各工事（工事台帳）に振り分けること

工事間接費は配賦する！

工事間接費は、どの工事にいくらかかったかが明らかではない原価です。したがって、工事間接費は作業時間や直接労務費など、なんらかの基準（これを**配賦基準**といいます）にもとづいて各工事台帳に振り分けます。なお、工事間接費を各工事台帳に振り分けることを**配賦**といいます。

工事間接費のことを現場共通費ともいいます。

工事間接費の配賦方法

工事間接費を各工事台帳に配賦するには、まず、工事間接費の実際発生額を配賦基準合計で割って、**配賦率**を求めます。

工事間接費の実際発生額にもとづいた配賦率なので、実際配賦率ということもあります。

$$工事間接費配賦率 = \frac{工事間接費実際発生額}{配賦基準合計}$$

$$各工事への配賦額 = \frac{工事間接費}{配賦率} \times \frac{各工事の}{配賦基準数値}$$

CASE25の工事間接費の配賦率

$$\frac{2,000円}{25時間 + 15時間} = @50円$$

そして、配賦率に各工事の配賦基準を掛けて、工事間接費の配賦額を計算します。

CASE25の工事間接費の配賦額

No.1：@50円 × 25時間 = 1,250円
No.2：@50円 × 15時間 ＝ 750円

以上より、CASE25を工事原価計算表に記入すると次のようになります。

工事間接費以外の数値は、仮のものです。

CASE25の工事原価計算表

工 事 原 価 計 算 表 　　　　（単位：円）

費　　目	No.1（建物A）	No.2（建物B）	合　　計
直接材料費	500	400	900
直接労務費	600	200	800
直接外注費	150	30	180
直 接 経 費	50	20	70
工事間接費	1,250	750	2,000
合　　計	2,550	1,400	3,950

最後に合計金額を記入します。

建物Aの工事原価

建物Bの工事原価

配賦基準の設定方法

工事間接費の配賦率の設定は、さまざまな配賦基準を用いて計算することができます。

●配賦基準の設定方法

工事間接費の工事原価に占める割合により配賦基準を選択します。

一 括 的 配 賦 法	1つの配賦基準で配賦する。
グループ別配賦法	関連性のあるグループ別に配賦する。
費 目 別 配 賦 法	費目ごとの配賦基準で配賦する。

小規模企業は、一括的配賦法で十分ですが、規模が大きくなるにつれ、別個の配賦率が必要となります。

●配賦工事間接費の実際・予定

工事間接費の配賦率算定式の分子にどのような金額を選ぶかによって異なります。

実 際 配 賦 法	実際発生額を分子として配賦率を算定
予 定 配 賦 法	予定発生額を分子として配賦率を算定
正 常 配 賦 法	平均発生額を分子として配賦率を算定

実際発生額の確定を待っていては計算が遅延してしまいます。計算の迅速性のため、予定発生額、正常発生額を用いた計算を行います。

●配賦基準値

工事間接費の配賦率算定式の分母にどのような配賦基準値を選択するかによって異なります。

価 額 法	直接材料費、直接労務費、素価（直接原価＝直接材料費＋直接労務費）を基準とする方法
時 間 法	直接作業時間、機械運転時間、車両運転時間を基準とする方法
数 量 法	材料や製品の個数、重量、長さなどを基準とする方法
売 価 法	完成工事高を基準とする方法（負担能力を重視した方法）

費目の特性、企業の特性、計算の重要性を踏まえて判断されます。

工事間接費の予定配賦・正常配賦（全体像）

工事間接費も
予定配賦しよう！

工事間接費を各製品に配
賦するとき、CASE25の
ように実際配賦すると実際発生
額が計算されるのを待ってから
工事原価が計算されるため、どう
しても計算が遅れてしまいます。
そこで、工事間接費を予定・正常
配賦することにしました。

取引 当期の年間の工事間接費予算額は38,000円、基準操業度は400時間（直接作業時間）である。なお当月の直接作業時間は次のとおりである。

	No. 1	No. 2
直接作業時間	20時間	10時間

工事間接費の実際配賦の問題点

CASE25では、工事間接費の実際に発生した額を配賦（実際配賦）しましたが、これには以下のような欠点があります。

(1) ある工事が終了したとしても、工事間接費の実際発生額が判明するまでは、当該工事の原価を計算することができないため、計算が著しく遅れてしまいます。

(2) 工事間接費の実際発生額や実際配賦数値は毎月変動するため、毎月の実際配賦率を用いて計算すると、原価の比較性に欠陥が生じてしまいます。

そこで実際配賦に代えて、会計年度の期首に定めた**予定・正常配賦率**を用いて、工事間接費を配賦する**予定・正常配賦**が**原則**として行われます。

工事間接費の予定配賦

通常、会計年度の期首に工事間接費の**予定・正常配賦率**を決定します。この予定・正常配賦率は1年間の予定工事間接費（工事間接費予算額といいます）を1年間の予定配賦基準数値（基準操業度といいます）で割って算定します。

これ以降は予定配賦を前提に説明していきます。

$$予定配賦率または正常配賦率 = \frac{工事間接費予算額}{基準操業度}$$

CASE26の予定配賦率

$$\frac{38,000円}{400時間} = @95円$$

次に各工事台帳の直接作業時間に予定配賦率を掛けて予定配賦額を計算します。

以上より、CASE26の工事間接費の予定配賦額は次のようになります。

CASE26の予定配賦額

No. 1 ：@95円 × 20時間 = 1,900円

No. 2 ：@95円 × 10時間 = 950円

CASE26の仕訳

（未成工事支出金）　2,850　　（工 事 間 接 費）　2,850

工 事 間 接 費	未成工事支出金
予定配賦額 2,850円 →	予定配賦額 2,850円

工事間接費の差異の把握

11/30

月末だから
差異を計算しよう。

今日は月末。
ゴエモン㈱では、工事間接費は予定配賦をしています。
そこで、材料費、労務費会計と同様に実際発生額を集計して差異を把握することにしました。

取引 当月の工事間接費の実際発生額は3,000円であった。なお予定配賦額2,850円（予定配賦率@95円）で計上している。

工事間接費を予定配賦した場合の月末の処理

月末において工事間接費の実際発生額を集計します。

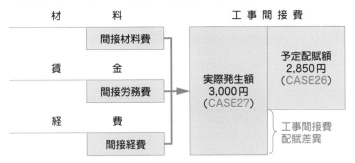

そして、工事間接費勘定貸方の予定配賦額と工事間接費勘定借方の実際発生額との差額から、工事間接費配賦差異を把握します。

工事間接費配賦差異＝予定配賦額－実際発生額

以上より、CASE27の工事間接費配賦差異は次のように計算

されます。

CASE27の工事間接費配賦差異

2,850円 − 3,000円 ＝ △150円（借方・不利差異）

CASE27の仕訳

（工事間接費配賦差異） 150 （工事間接費） 150

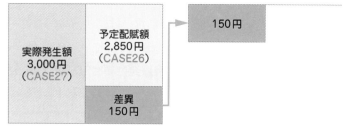

CASE 28

工事間接費の予定配賦

予定配賦率の算定

もう一度予定配賦率の計算についてみてみよう。

CASE27で工事間接費配賦差異の総額を計算しましたが、差異が発生した原因を把握するためには、さらに細かく分析しなければなりません。そこでまず、もう一度詳しく予定配賦率の算定手続についてみておきます。

期首における手続き（予定配賦率の算定）

CASE26で学習したように実際配賦の欠点を克服するためには工事間接費を予定配賦します。その工事間接費を予定配賦する場合の一連の手続きは次のようになります。

〈期首における手続き〉

基準操業度の決定 → 工事間接費予算の設定 → **予定配賦率の算定**

〈毎月行われる手続き〉

予定配賦額の計算 → 実際発生額の集計 → 工事間接費配賦差異の把握 → 差異分析 → 原価報告

工事間接費を予定配賦する場合には、その会計期間の期首において予定配賦率を算定しておかなければなりません。

$$予定配賦率＝\frac{（基準操業度における）工事間接費予算額}{基準操業度}$$

したがって、予定配賦率算定のためには、**基準操業度**とその基準操業度のときに発生する**工事間接費予算額**を決定しておく必要があります。

● 基準操業度の決定

基準操業度とは、1年間に予定される配賦基準数値であり、1年間における経営の有する能力の利用程度を直接作業時間や機械運転時間などで表したものをいいます。この基準操業度は、正常生産量を見積ることで決定されますが、1年間の正常生産量の見積り方には次の3つの種類があります。

正常生産量は、操業水準ともいわれ、通常、どの程度経営の有する能力を利用するかということを表します。

(1) 次期予定操業度

予算操業度ともいわれ、次の1年間に予想される操業水準をいいます。

(2) 長期正常操業度

景気の1循環期間（3～5年）を平均化した操業水準をいいます。

(3) 実現可能最大操業度

経営の有する能力を正常な状態で最大限に発揮したときに、実現可能な最大限の操業水準をいいます。

● 工事間接費予算の設定

基準操業度を決定したら、続いて基準操業度において発生する工事間接費の金額を見積ります。これを工事間接費予算といい、(1)**固定予算**と(2)**変動予算**があります。

(1) 固定予算

固定予算とは、基準操業度における工事間接費の発生額を予定したら、操業度が変化したとしても予算額を変更せずに基準操業度における予算額を維持するものをいいます。

たとえば、1年間の基準操業度を10時間と決定し、このときの工事間接費予算が50円と見積られたとします。

操業度が8時間に変化し、基準操業度とは異なったとしても、基準操業度における予算額50円が当年度の予算額となります。

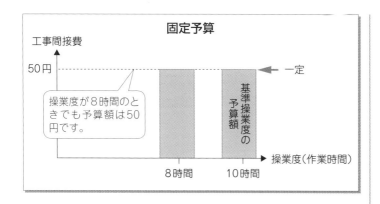

(2) 変動予算

　変動予算とは、さまざまな操業度に応じて工事間接費の発生額を予定できるように工夫されたものです。たとえば、操業度が10時間のときの予算額は50円、8時間のときの予算額は40円と見積られた場合で、操業度が8時間であった場合、8時間の予算額40円が工事間接費の予算となります。

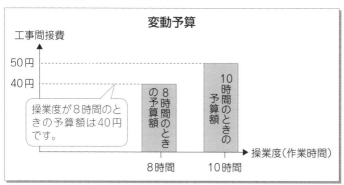

変動予算の予算額の決め方

　変動予算では、工事間接費の予算額を**変動費**と**固定費**に分けて決定します。このうち、**変動費**は操業度に対する発生率（変動費率）を測定し、**固定費**は、操業度が変化しても一定額発生するものとし、特定の操業度に応じた工事間接費の予算額（これを**予算許容額**といいます）を下記の公式により算出する方法をいいます。

とても
重要

$$\begin{array}{l}特定の操業度における\\予算許容額\end{array}=変動費率×その操業度+固定費予算額$$

たとえば、変動費率が@2円、固定費予算額が30円のときの予算許容額は次のようになります。

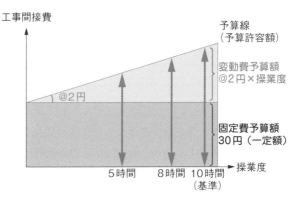

工事間接費

予算線
（予算許容額）

変動費予算額
@2円×操業度

@2円

固定費予算額
30円（一定額）

操業度

5時間　　8時間　10時間
（基準）

10時間のときの予算許容額＝@2円×10時間＋30円＝50円

8時間のときの予算許容額＝@2円× 8 時間＋30円＝46円

5時間のときの予算許容額＝@2円× 5 時間＋30円＝40円

予定配賦率の算定

以上の手続きにより選択した**基準操業度**とそのときの**工事間接費予算額**により、**予定配賦率**を算定します。

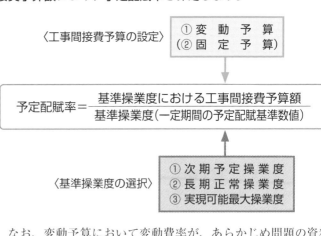

〈工事間接費予算の設定〉

① 変 動 予 算
（② 固 定 予 算）

$$予定配賦率＝\frac{基準操業度における工事間接費予算額}{基準操業度(一定期間の予定配賦基準数値)}$$

〈基準操業度の選択〉

① 次 期 予 定 操 業 度
② 長 期 正 常 操 業 度
③ 実現可能最大操業度

なお、変動予算において変動費率が、あらかじめ問題の資料

に与えられ、次のように計算することもあります。

$$予定配賦率 = 変動費率 + \frac{固定工事間接費予算額}{基準操業度}$$

固定費率

⇔ 問題集 ⇔
問題10

予算差異と操業度差異

工事間接費の
差異を分析！

❓ 予定配賦率の算定方法
が詳しくわかったとこ
ろで、今月発生している工事
間接費配賦差異について予算
差異と操業度差異という2つ
の差異に分析し、どこに無駄
があったのか把握することに
しました。

例 次の資料にもとづいて工事間接費の配賦差異を予算差異と操業度
差異に分析しなさい。

［資　料］
1．年間工事間接費予算（変動予算）

変動費	36,000円
固定費	24,000円

（注）当工場では、工事間接費は年間正常機械運転時間300時間（基
準操業度）にもとづき各工事に予定配賦している。なお、工
事間接費の月間予算額および月間正常機械運転時間は、年間
予算額および年間正常機械運転時間の12分の1である。

2．当月の生産実績
(1)　工事台帳別機械運転時間

	No. 1	No. 2	No. 3	合計
機械運転時間 （時間）	10	7	6	23

(2)　工事間接費実際発生額

変動費	3,500円
固定費	2,200円

● 毎月行われる手続き

CASE27でも学習したように、当月の原価計算の手続きにおいて、**予定配賦率**にもとづく**予定配賦額**を計算し、**実際の工事間接費発生額**との差額で**工事間接費配賦差異**を計算します。

CASE29の一連の計算

・予定配賦率の算定： $\dfrac{36,000円 + 24,000円}{300時間} = @200円$

$$\left(\begin{array}{l}変動費率：36,000円 \div 300時間 = @120円 \\ 固定費率：24,000円 \div 300時間 = @80円 \end{array}\right)$$

・工事台帳別の予定配賦額

No. 1への予定配賦額：@200円× 10時間 = 2,000円

No. 2 〃 ：@200円× 7 時間 = 1,400円

No. 3 〃 ：@200円× 6 時間 = 1,200円

23時間　4,600円

（未成工事支出金勘定へ）

・工事間接費配賦差異

$\underset{\text{予定配賦額}}{4,600円} - (\underset{\text{実際発生額}}{3,500円 + 2,200円}) = \triangle 1,100円（借方・不利差異）$

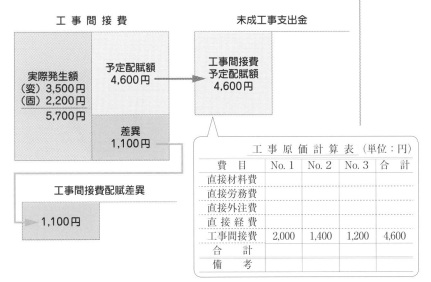

差異分析と原価報告

　工事間接費配賦差異は、さらに、**予算差異と操業度差異**に分析されます。この結果は経営管理者に対して報告され、工事間接費を管理するうえでの基礎資料となります。

予算差異

　予算差異とは、実際操業度における予算許容額と工事間接費の実際発生額の差額により計算されます。

　この差異は当月、工事間接費を見積りに比べて、浪費してしまったのか、または節約できたのかを示します。

> 予算差異＝実際操業度における予算許容額－実際発生額

操業度差異

　たとえば機械の減価償却費は、操業度にかかわらず毎月一定額発生します。つまり機械を稼働せず遊ばせておいても一定額発生してしまうため、遊ばせておいた分だけ損しているといえます。

　このように、当初予定していた基準操業度どおりに操業を行わなかったために生じる固定工事間接費の配賦過不足額を操業度差異といいます。

使っても、使わなくても一定額が発生するなら、使わないと損！

ビシッ！

　この操業度差異は次のように計算されます。

> 操業度差異＝予定配賦額−実際操業度における予算許容額
> または
> 固定費率×(実際操業度−基準操業度)

　工事間接費の差異分析は次に示す図（**シュラッター図**）を利用して行うとわかりやすく、その書き方を示すと次のようになります。

手順①

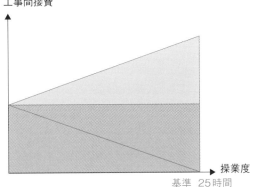

まず左のようにフォームを書き基準操業度を記入します。通常、月間ベースで計算するので基準操業度も月間数値に直します。
300時間÷12カ月＝25時間

手順②

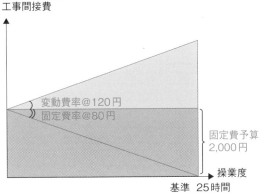

固定工事間接費予算額を記入し、変動費率と固定費率を求めます。なお、資料の固定工事間接費予算額も月間数値に修正します。
変動費率：3,000円÷25時間＝@120円
固定費率：2,000円÷25時間＝@80円
したがって工事間接費予定配賦率は変動費率@120円と固定費率@80円の合計@200円となります。

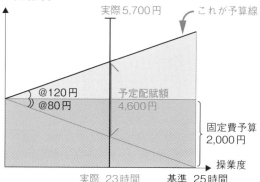

実際操業度と実際発生額を記入します。
その際に次の点に注意します。
①実際操業度はその数値の大小にかかわ
らず必ず基準操業度の内側（左側）に書
きます。
仮に実際操業度が30時間であっても基
準操業度より内側（左側）に書きます。

②また、実際発生額の高さは工事間接費
の予算線（右上がりの斜め線）を超える
ように書きます。

次に予定配賦額を記入します。
予定配賦額＝@200円×23時間＝4,600円
　　　　　　　　予定配賦率　実際操業度

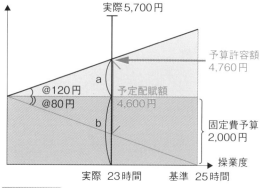

①工事間接費の配賦差異の総額を計算し
ます。
工事間接費配賦差異
＝4,600円－5,700円＝△1,100円
　　　　　　　　　　　（借方・不利差異）

②この1,100円の借方・不利差異を予
算差異と操業度差異に分析しますが、そ
のためには実際操業度における予算許容
額を求める必要があります。
実際操業度における予算許容額
＝@120円×23時間＋2,000円＝4,760円
　　　　　a.変動費　　　b.固定費

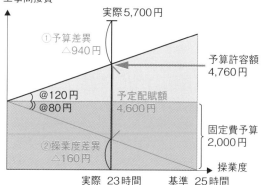

最後に差異分析を行います。
①予算差異
＝予算許容額－実際発生額
　　　　　この順番で引き算
＝4,760円－5,700円＝△940円
　　　　　　　　　　　（借方・不利差異）
②操業度差異
＝予定配賦額－予算許容額
　　　　　この順番で引き算
または、
　固定費率×（実際操業度－基準操業度）
　　　　　　　　　　　この順番で引き算
＝4,600円－4,760円＝△160円
　　　　　　　　　　　（借方・不利差異）
＝@80円×（23時間－25時間）＝△160円
　　　　　　　　　　　（借方・不利差異）

注意 変動費と固定費では予算許容額の計算方法が異なるので
注意しよう。

予算差異：実際操業度における予算許容額－実際発生額
　変動費の予算許容額＝変動費率×当月の実際操業度
　固定費の予算許容額＝当月の固定費予算額
　　　　　　　　　　　または
　　　　　　　年間固定費予算額÷12カ月

⇔ 問題集 ⇔
問題11 ～ 13

活動基準原価計算

最近、サポートコストが増加してきたなぁ。効果的に管理する必要があるな。

設計図

技術費

材料運搬費

修繕維持費

ゴエモン㈱は、機械化によって、施工作業の手間がかからなくなってきましたが、最近、施工作業以外の多くのサポート活動も増えています。その結果、工事で発生する原価の構成が変化し、工事間接費（製造間接費）が増加してきました。

そこで、いかに正確に工事間接費を配賦し効果的に管理できるか調べることにしました。

例 次の資料にもとづいて、各問に答えなさい。

[資　料] 工事間接費配賦基準のデータ

	工事A	工事B	工事C	合　計
直接作業時間	160,000時間	180,000時間	20,000時間	360,000時間
機械作業時間	160,000時間	60,000時間	60,000時間	280,000時間
段 取 回 数	20回	30回	50回	100回
運 搬 回 数	100回	150回	250回	500回
修 繕 回 数	8回	18回	54回	80回
設 計 図 枚 数	48枚	32枚	80枚	160枚
工 事 間 接 費				
段 取 費				26,000円
機 械 関 連 費				616,000円
材 料 運 搬 費				333,200円
修 繕 維 持 費				212,800円
技 術 費				324,000円
合 計				1,512,000円

活動基準原価計算とは

活動基準原価計算（activity-based costing：ABC）とは、工事で行われるさまざまな活動ごとに原価を集計し、各工事に跡づける方法をいいます。

ここで**活動**とは、工事を完成させるために必要な作業をいいます。これまでは活動としてもっとも重要なのは施工作業であると考えられてきました。

しかし、機械化が進んだことにより、施工作業はもっとも手間のかかる活動とはいえなくなりつつあります。代わりに、施工作業を支援する活動（これを**サポート活動**といいます）が重要になってきました。これらのサポート活動に要する原価（これを**サポート・コスト**といいます）が工事間接費（製造間接費）を増加させているのです。

> 具体的には設計材料などの購買、段取り、機械のメンテナンス、品質管理などです。

これらのサポート・コストをいかに正確に製品や工事に集計するかが重要な課題となり、そこで考え出された計算方法が活動基準原価計算です。

活動基準原価計算の仕組み

それでは、伝統的な工事間接費の配賦計算と対比しつつ、活動基準原価計算の仕組みを確認していきましょう。

伝統的な工事間接費の配賦計算では、まず工事間接費を各部

門ごとに集計し、続いて補助部門費を施工部門に配賦します。

　これによって工事間接費はすべて施工部門に集計されることになり、これを操業度に関連した配賦基準によって各工事に配賦します。

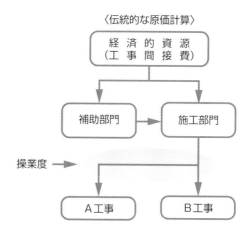

〈伝統的な原価計算〉

それでは具体的に計算してみましょう。

CASE30 ［問1］の伝統的な工事間接費の配賦計算

　伝統的な工事間接費の配賦計算では、工事間接費合計1,512,000円を直接作業時間を基準に一括的に配賦します。

$$\frac{1,512,000円}{360,000時間}(=4.2円/時間)\times\begin{cases}160,000時間=672,000円 & (工事A)\\180,000時間=756,000円 & (工事B)\\20,000時間=84,000円 & (工事C)\end{cases}$$

　以上より、工事Aに672,000円、工事Bに756,000円、工事Cに84,000円が配賦されます。

　これに対して活動基準原価計算では、部門ごとではなく、そこで行われるさまざまな**活動ごと**に原価を集計し、そこから各工事に集計します。また活動から工事への原価の集計にあたって、各活動の**コスト・ドライバー**を配賦基準として用います。

　工事間接費を正確に工事に跡づけるためには工事間接費の発生と関連の深い値を配賦基準として用いるべきです。ここで、施工作業（直接作業員の作業や機械作業）にかかる原価は操業度との関連が深いと考えられますので、それを基準として工事

に跡づけることに問題はありません。

これに対してサポート・コストの多くは、必ずしも操業度に応じて発生するものではありません。むしろそれぞれに固有のコスト・ドライバーとの関連が深いと考えられます。そうであれば、各活動ごとにそのコスト・ドライバーを基準として各工事に跡づけたほうが正確な結果が得られることになります。

伝統的な工事間接費（製造間接費）の配賦計算ですね。

活動とコスト・ドライバーの具体例

活　動	コスト・ドライバー
段 取 り	段取回数
材料運搬	運搬回数
材料発注	発注回数
機械作業	機械作業時間
品質管理	検査回数

以上より、活動基準原価計算は工事間接費を活動ごとに集計し、コスト・ドライバーによって直接各工事に跡づける方法であるといえます。

なお、ここで工事間接費を工事に「配賦する」といわないで「跡づける」といっているのは、活動基準原価計算によればより正確な計算が可能となるので、伝統的な方法による不正確な配賦計算とは区別しようという意味があるからです。

それでは、活動基準原価計算により工事間接費を各工事に跡づけていく流れをみていきましょう。

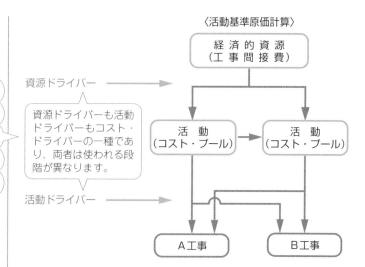

〈活動基準原価計算〉

資源ドライバー →

コスト・プールとは活動ごとに集計された金額であり、たとえば、段取費＝段取作業のコスト・プールということです。

資源ドライバーも活動ドライバーもコスト・ドライバーの一種であり、両者は使われる段階が異なります。

活動ドライバー →

　資源ドライバーとは、各活動がどれだけの経営資源（ヒト、モノ、その他の原価財）を消費したかを表す数値をいいます。活動基準原価計算ではまず、工事間接費を資源ドライバー量によって各活動に集計します。

　つづいて、各活動別に集計された原価を活動ドライバー量によって各工事に集計します。**活動ドライバー**とは、各工事がどれだけの活動を消費したかを表す数値をいいます。

　それでは、CASE30［問2］について計算していきましょう。

活動基準原価計算では、活動ごとに分類された工事間接費を活動ドライバーによって各工事に集計していきます。

・段取費（活動ドライバー：段取回数）：

$$\frac{26,000円}{100回} \ (=260円/回) \times \begin{cases} 20回 = \ \ 5,200円（工事A） \\ 30回 = \ \ 7,800円（工事B） \\ 50回 = 13,000円（工事C） \end{cases}$$

・機械関連費（活動ドライバー：機械作業時間）：

$$\frac{616,000円}{280,000時間} \ (=2.2円/時間) \times \begin{cases} 160,000時間 = 352,000円（工事A） \\ 60,000時間 = 132,000円（工事B） \\ 60,000時間 = 132,000円（工事C） \end{cases}$$

・材料運搬費（活動ドライバー：運搬回数）：

$$\frac{333,200円}{500回} \ (=666.4円/回) \times \begin{cases} 100回 = \ \ 66,640円（工事A） \\ 150回 = \ \ 99,960円（工事B） \\ 250回 = 166,600円（工事C） \end{cases}$$

・修繕維持費（活動ドライバー：修繕回数）：

$$\frac{212,800円}{80回} \ (=2,660円/回) \times \begin{cases} 8回 = \ \ 21,280円（工事A） \\ 18回 = \ \ 47,880円（工事B） \\ 54回 = 143,640円（工事C） \end{cases}$$

・技術費（活動ドライバー：設計図枚数）：

$$\frac{324,000円}{160枚} \ (=2,025円/枚) \times \begin{cases} 48枚 = \ \ 97,200円（工事A） \\ 32枚 = \ \ 64,800円（工事B） \\ 80枚 = 162,000円（工事C） \end{cases}$$

以上より、各工事に集計される工事間接費は次のようになります。

・工事A：5,200円 + 352,000円 + 66,640円 + 21,280円
　　　　 + 97,200円 = 542,320円

・工事B：7,800円 + 132,000円 + 99,960円 + 47,880円
　　　　 + 64,800円 = 352,440円

・工事C：13,000円 + 132,000円 + 166,600円 + 143,640円
　　　　 + 162,000円 = 617,240円

⇔ 問題集 ⇔
問題14～16

第5章

工事原価の部門別計算

第4章では、工事間接費の配賦について学習したけど、
もっと正確に工事間接費を配賦する方法があるんだって!

ここでは、工事原価の部門別計算についてみていきましょう。

工事間接費を正確に配賦するには?

ゴエモン㈱には、木材をカットする第1施工部門と建物を組み上げる第2施工部門、修繕を担当する修繕部門、車両を扱う車両部門があります。このように部門が分かれているときには、部門別に原価を集計、計算するようです。

部門別計算とは

工場の規模が大きくなると、第1施工部門、第2施工部門のようにさまざまな部門を設け、建物の建設を分業して行うようになります。また、材料を運搬する**運搬部門**、修繕を担当する**修繕部門**、車両を扱う**車両部門**など、施工部門をサポートする部門もあります。

建物の建設に直接かかわる部門を**施工部門**、車両部門、修繕部門、現場管理部門など施工部門をサポートする部門を**補助部門**といいます。

ゴエモン㈱の場合は、第1施工部門と第2施工部門が施工部門、修繕部門と車両部門が補助部門ですね。

このように、複数の部門がある場合に部門ごとに原価を計算することを**部門別計算**といいます。

工事間接費の部門別計算とは

　工事直接費（直接材料費、直接労務費、直接外注費、直接経費）は、どの工事にいくらかかったかが明らかなので、各工事台帳に賦課されます。したがって、原価を部門別にとらえる必要はありません。

　一方、工事間接費はどの工事にいくらかかったのかが明らかではないので、直接作業時間などの配賦基準にもとづいて各工事台帳に配賦されます。そのため、配賦基準が適切でないと配賦計算が不正確なものになってしまいます。

　また、部門が違えば発生する工事間接費の内容も金額も当然異なります。それにもかかわらず、これを無視して、すべての工事間接費をひとつの配賦基準（直接作業時間など）で各工事台帳に配賦すると、原価の計算が正確ではないものになってしまいます。

部門別計算の目的

　部門別計算を行うことで、適切な工事間接費の配賦ができるようになるため、正確な工事原価を計算することができるようになります。また、部門別計算では、原価の発生場所が明らかになるため、責任の所在が明確になり、原価管理が有効に行えるようになります。

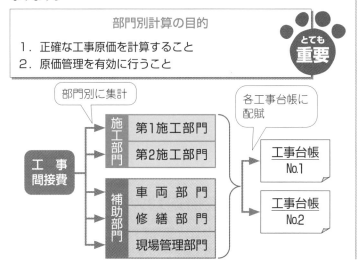

部門別計算の目的

とても重要

1. 正確な工事原価を計算すること
2. 原価管理を有効に行うこと

部門別に集計

各工事台帳に配賦

工事間接費

施工部門
　第1施工部門
　第2施工部門

補助部門
　車両部門
　修繕部門
　現場管理部門

工事台帳 No.1

工事台帳 No.2

⇔ 問題集 ⇔
問題17

部門個別費と部門共通費の集計（第1次集計）

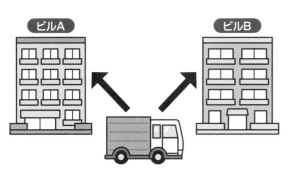

ゴエモン㈱では、さっそく、工事間接費を部門別に集計して計算することにしました。ところが、工事間接費には複数の部門に共通して発生するものがあります。このような工事間接費はどのように集計したらよいでしょう？

例　当月の工事間接費発生額は次のとおりである。なお、建物減価償却費は占有面積によって、電力料は電力消費量によって各部門に配賦する。

(1) 工事間接費

		施工部門		補助部門	
		第1施工部門	第2施工部門	修繕部門	車両部門
部門個別費		796円	624円	200円	96円
部　門 共通費	建物減価償却費	200円			
	電　力　料	84円			

(2) 部門共通費の配賦基準

	合　　計	第1施工部門	第2施工部門	修繕部門	車両部門
占有面積	200m²	100m²	50m²	30m²	20m²
電力消費量	42kWh	20kWh	15kWh	5kWh	2kWh

● 工事間接費の部門別計算は3ステップ

工事間接費の部門別計算は、**部門個別費と部門共通費の集計**（Step1）、**補助部門費の施工部門への配賦**（Step2）、施工部門

費の各工事台帳への配賦（Step3）の３ステップで行います。

Step 1　第１次集計：部門個別費と部門共通費の集計

Step 2　第２次集計：補助部門費の施工部門への配賦

Step 3　第３次集計：施工部門費の各工事台帳への配賦

● 部門個別費と部門共通費の集計 Step1

まずは第1ステップから。

　工事間接費の部門別計算の第１次集計は、**部門個別費と部門共通費の集計**です。

　部門個別費とは、工事間接費のうち特定の部門で固有に発生したものをいい、**部門個別費は該当部門に賦課（直課）します**。

　したがって、CASE32の部門個別費を各部門に賦課した場合の部門費振替表の記入は次のとおりです。

CASE32の部門個別費の賦課

部門費振替表　　　　　　　　　　　　　（単位：円）

摘　　要	配賦基準	合　　計	施工部門		補助部門	
			第1施工部門	第2施工部門	修繕部門	車両部門
部門個別費		1,716	796	624	200	96

部門個別費の金額をそのまま移すだけですね。

　一方、**部門共通費**とは、工事間接費のうち複数の部門に共通して発生するものをいい、**部門共通費は適切な配賦基準によって各部門に配賦します**。

　CASE32では、建物減価償却費は占有面積、電力料は電力消費量によって各部門に配賦します。

第5章　工事原価の部門別計算　91

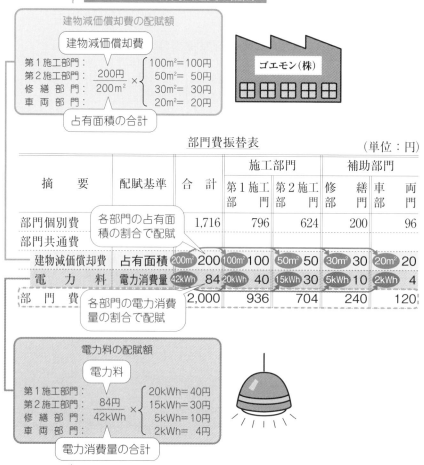

CASE32の部門共通費の配賦

建物減価償却費の配賦額

建物減価償却費

第1施工部門：　　　　　　　　{ 100m²＝100円
第2施工部門： 200円 × { 50m²＝ 50円
修 繕 部 門： 200m²　　{ 30m²＝ 30円
車 両 部 門：　　　　　　　{ 20m²＝ 20円

占有面積の合計

ゴエモン（株）

部門費振替表　　　　　　　　　　（単位：円）

摘　要	配賦基準	合　計	施工部門		補助部門	
			第1施工部門	第2施工部門	修繕部門	車両部門
部門個別費	各部門の占有面積の割合で配賦	1,716	796	624	200	96
部門共通費						
建物減価償却費	占有面積	200m² 200	100m² 100	50m² 50	30m² 30	20m² 20
電　力　料	電力消費量	42kWh 84	20kWh 40	15kWh 30	5kWh 10	2kWh 4
部　門　費	各部門の電力消費量の割合で配賦	2,000	936	704	240	120

電力料の配賦額

電力料

第1施工部門：　　　　　　　{ 20kWh＝40円
第2施工部門： 84円 × { 15kWh＝30円
修 繕 部 門： 42kWh　　{ 5kWh＝10円
車 両 部 門：　　　　　　　{ 2kWh＝ 4円

電力消費量の合計

　　部門共通費を配賦したら、部門個別費と部門共通費を足して
各部門費を計算します（上記 [ ]）。

⇔ 問題集 ⇔
問題18

CASE 33

補助部門費の施工部門への配賦①（第2次集計）
直接配賦法

修繕部門　車両部門

補助部門費を配賦する…。

部門個別費と部門共通費の集計が終わったら、次は補助部門費を施工部門に配賦するとのこと。
さて、補助部門費はどのように施工部門に配賦したらよいのでしょう？

例 直接配賦法によって、補助部門費を施工部門に配賦する。

(1) 各部門費の合計

部門費振替表　　　（単位：円）

摘　要	合　計	施工部門		補助部門	
		第1施工部門	第2施工部門	修繕部門	車両部門
部門個別費	1,716	796	624	200	96
部門共通費	284	140	80	40	24
部　門　費	2,000	936	704	240	120

(2) 補助部門費の用役提供割合

補助部門	第1施工部門	第2施工部門	修繕部門	車両部門
修繕部門	40%	40%	－	20%
車両部門	50%	10%	30%	10%

● 補助部門費の施工部門への配賦 （Step 2）

つづいて、工事間接費の部門別計算の第2ステップです。

部門ごとに工事間接費を集計したら、補助部門に集計された工事間接費の合計額（補助部門費）を施工部門に配賦します。

修繕部門などの補助部門は、直接、建物を建設しているわけ

ではありません。したがって、補助部門費を各工事（工事台帳）に配賦しようとしても適切な配賦基準がありません。そこで、補助部門費はいったん施工部門に配賦（Step2）してから、施工部門費として各工事台帳に配賦する（Step3）のです。

配賦方法

たとえば、修繕を担当する修繕部門が、施工部門の工具の修繕だけでなく、補助部門である車両部門の車両の修繕も行っているように、補助部門は施工部門にサービス（用役）を提供するだけでなく、ほかの補助部門にもサービスを提供しています。

補助部門費の施工部門への配賦方法には、この補助部門間のサービスのやりとりを考慮するかしないかによって、**直接配賦法、相互配賦法（連立方程式法、簡便法）**と**階梯式配賦法**という３通りの方法があります。

直接配賦法による補助部門費の配賦

直接配賦法は、補助部門間のサービスのやりとりを無視して、補助部門費を直接、施工部門に配賦する方法です。したがって、各補助部門費を施工部門へのサービス提供割合で配賦します。

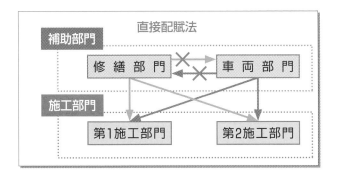

たとえば、CASE33の修繕部門に集計された工事間接費240円は、第1施工部門と第2施工部門の用役提供割合で第1施工部門と第2施工部門に配賦することになります。

ほかの補助部門（車両部門）へのサービスの提供は無視します。

CASE33 直接配賦法

部門費振替表　　　　（単位：円）

摘　要	合　計	施工部門		補助部門	
		第1施工部門	第2施工部門	修繕部門	車両部門
部門個別費	1,716	796	624	200	96
部門共通費	284	140	80	40	24
部　門　費	2,000	936	704	240	120
修繕部門費	240	120	120		
車両部門費	120	100	20		
施工部門費	2,000	1,156	844		

この金額を配賦します。

修繕部門費の配賦額

第1施工部門：$240円 \times \dfrac{40\%}{40\% + 40\%} = 120円$

第2施工部門：$240円 \times \dfrac{40\%}{40\% + 40\%} = 120円$

車両部門費の配賦額

第1施工部門：$120円 \times \dfrac{50\%}{50\% + 10\%} = 100円$

第2施工部門：$120円 \times \dfrac{10\%}{50\% + 10\%} = 20円$

補助部門費の施工部門への配賦②（第2次集計）
相互配賦法（簡便法）

次は相互配賦法だニャ！

つづいて相互配賦法の簡便法についてみてみましょう。

例 相互配賦法によって、補助部門費を施工部門に配賦する。

(1) 各部門費の合計

部門費振替表　　　　　　（単位：円）

摘　　要	合　　計	施工部門		補助部門	
		第1施工部門	第2施工部門	修繕部門	車両部門
部門個別費	1,716	796	624	200	96
部門共通費	284	140	80	40	24
部門費	2,000	936	704	240	120

(2) 補助部門費の用役提供割合

補助部門	第1施工部門	第2施工部門	修繕部門	車両部門
修繕部門	40％	40％	－	20％
車両部門	40％	20％	20％	20％

●相互配賦法による補助部門費の配賦

　相互配賦法は、補助部門間のサービスのやりとりを考慮して補助部門費を配賦する方法です。

　相互配賦法（簡便法）では、計算を2回に分けて行います。

1回目の配賦計算では、自部門以外の部門へのサービス提供割合で、補助部門費を施工部門とほかの補助部門に配賦します（**第1次配賦**）。

1回目の計算では、補助部門間のサービスのやりとりを考慮します。

したがって、CASE34の1回目の配賦は次のようになります。

CASE34 簡便法（第1次配賦）

修繕部門費の配賦額

第1施工部門：$240円 \times \dfrac{40\%}{40\% + 40\% + 20\%} = 96円$

第2施工部門：$240円 \times \dfrac{40\%}{40\% + 40\% + 20\%} = 96円$

車 両 部 門：$240円 \times \dfrac{20\%}{40\% + 40\% + 20\%} = 48円$

部門費振替表　　　　　　（単位：円）

摘　　　要	合　計	施工部門		補助部門	
		第1施工部　門	第2施工部　門	修　繕部　門	車　両部　門
部 門 個 別 費	1,716	796	624	200	96
部 門 共 通 費	284	140	80	40	24
部　門　費	2,000	936	704	240	120
第 1 次 配 賦					
修繕部門費	240	96	96	✕	48
車両部門費	120	60	30	30	✕

自部門には配賦しません。

車両部門費の配賦額

第1施工部門：$120円 \times \dfrac{40\%}{40\% + 20\% + 20\%} = 60円$

第2施工部門：$120円 \times \dfrac{20\%}{40\% + 20\% + 20\%} = 30円$

修 繕 部 門：$120円 \times \dfrac{20\%}{40\% + 20\% + 20\%} = 30円$

そして、2回目の配賦計算では、ほかの補助部門から配賦された補助部門費を施工部門のみに配賦します（**第2次配賦**）。

2回目の計算では、補助部門間のサービスのやりとりを無視します。

CASE34では、1回目の配賦計算で修繕部門に車両部門から30円、車両部門に修繕部門から48円が配賦されているので、この30円と48円を施工部門に配賦することになります。

修繕部門費の配賦額

第1施工部門：$30円 \times \dfrac{40\%}{40\% + 40\%} = 15円$

第2施工部門：$30円 \times \dfrac{40\%}{40\% + 40\%} = 15円$

部門費振替表　　　　（単位：円）

摘　　要	合　計	施工部門		補助部門	
		第1施工部門	第2施工部門	修　繕部　門	車　両部　門
部門個別費	1,716	796	624	200	96
部門共通費	284	140	80	40	24
部　門　費	2,000	936	704	240	120
第1次配賦					
修繕部門費	240	96	96		48
車両部門費	120	60	30	30	
第2次配賦				30	48
修繕部門費	30	15	15		
車両部門費	48	32	16		
施工部門費	2,000	1,139	861		

この金額を施工部門に配賦します。

車両部門費の配賦額

第1施工部門：$48円 \times \dfrac{40\%}{40\% + 20\%} = 32円$

第2施工部門：$48円 \times \dfrac{20\%}{40\% + 20\%} = 16円$

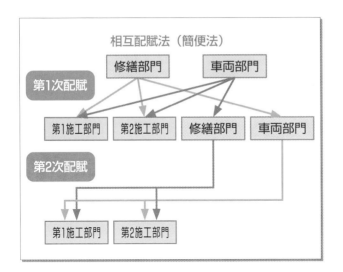

CASE 35

補助部門費の施工部門への配賦③（第2次集計）
純粋の相互配賦法（連立方程式法）

連立方程式・・・法って？
$$\begin{cases} y=ax+b \\ cx-dy=0 \end{cases}$$

次は純粋の相互配賦法
連立方程式法だニャ！

つづいて純粋の相互配賦法（連立方程式法）についてみてみましょう。

例 次の資料にもとづいて純粋の相互配賦法（連立方程式法）により補助部門費の配賦（第2次集計）を行いなさい。

(1) 部門費の内訳

部門費振替表　　　　　　（単位：円）

摘　　要	合　　計	施工部門		補助部門	
		第1施工部門	第2施工部門	修繕部門	車両部門
部　門　費	2,000	936	704	240	120

(2) 補助部門費の用役提供割合

補助部門	第1施工部門	第2施工部門	修繕部門	車両部門
修繕部門	40％	40％	－	20％
車両部門	32％	32％	16％	20％

● 純粋の相互配賦法

　純粋の相互配賦法とは補助部門間のサービスのやりとりを**すべて考慮**して配賦計算を行う方法です。

　この純粋の相互配賦法には各補助部門費がゼロになるまで配賦計算を繰り返す**連続配賦法**と、各補助部門費がゼロになるま

での配賦計算過程を連立方程式で計算する**連立方程式法**の2つがあります。

● 連続配賦法

　連続配賦法はCASE34で学習した簡便的な相互配賦法の第1次配賦と同じ計算（補助部門費を施工部門と他の補助部門に配賦）を、他の補助部門から配賦されてくる**補助部門費がゼロになるまで何回も繰り返し配賦計算します。**

CASE35の純粋の相互配賦法（連続配賦法）

部門費振替表　　（単位：円）

摘　要	合　計	施工部門		補助部門	
		第1施工部門	第2施工部門	修繕部門	車両部門
部　門　費	2,000	936	704	240*1	120*2
第 1 次配賦					
修繕部門費		40% 96	40% 96	—	20% 48
車両部門費		32% 80% 48	32% 80% 48	16% 80% 24	—
第 2 次配賦				24*1	48*2
修繕部門費		10	10	—	4
車両部門費		19	19	10	—
第 3 次配賦				10*1	4*2
修繕部門費		4	4	—	2
車両部門費		2	2	0	—
第 4 次配賦				0*1	2*2
修繕部門費		0	0	—	0
車両部門費		1	1	0	—
施 工 部 門 費	2,000	1,116	884	0*1	0*2

> この計算を何回も繰り返し行います。

（注）上記の計算では、端数処理により表示を一部調整しています。

　しかし、以上の計算を実際に行うのは、時間がかかって大変です。補助部門間のサービスのやりとりをすべて考慮し、効率的に計算する方法として考え出されたのが連立方程式法です。

● 連立方程式法

　連続配賦法の修繕部門をみてみましょう。ここでは施工部門費または他の補助部門である車両部門から配賦されてきた金額について、常に第1施工部門と第2施工部門と車両部門に40％：40％：20％の割合で配賦し続けています。連立方程式法はこの関係に着目して連立方程式を組み立て、計算していく方法です。

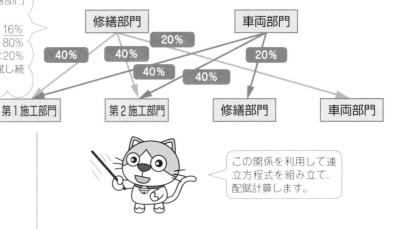

車両部門は、第1施工部門、第2施工部門、修繕部門に、
$$\frac{32\%}{80\%} : \frac{32\%}{80\%} : \frac{16\%}{80\%}$$
＝40％：40％：20％の割合で配賦し続けます。

この関係を利用して連立方程式を組み立て、配賦計算します。

CASE35の純粋の相互配賦法（連立方程式法）の計算手順

Step 1　最終的に計算された（相互に配賦済みの）修繕部門費を a、車両部門費を b とおきます。

部 門 費 振 替 表　　　　　　（単位：円）

摘　　　要	合　　計	施工部門		補助部門	
		第1施工部門	第2施工部門	修繕部門	車両部門
部　門　費	2,000	936	704	240	120
修繕部門費（＝a）					
車両部門費（＝b）					
施　工　部　門　費				a	b

注意 この修繕部門費aの金額は連続配賦法による部門費振替表の＊1を付した数値の合計額と一致し、車両部門費bの金額は＊2を付した数値の合計額と一致することになります。

Step 2 そのa、bをサービスの提供割合にもとづいて施工部門と他の補助部門に配賦します。ただし車両部門から車両部門など、自部門への配賦は行わないので注意しましょう。

修繕部門費（＝a）の各部門へのサービス提供割合にもとづいた配賦額

第1施工部門：$a \times \dfrac{40\%}{40\% + 40\% + 20\%} = 0.4a$

第2施工部門：$a \times \dfrac{40\%}{40\% + 40\% + 20\%} = 0.4a$

車両部門：$a \times \dfrac{20\%}{40\% + 40\% + 20\%} = 0.2a$

部 門 費 振 替 表 （単位：円）

摘　　要	合　　計	施工部門		補助部門	
		第1施工部門	第2施工部門	修　繕部　門	車　両部　門
部　門　費	2,000	936	704	240	120
修繕部門費(＝a)		0.4 a	0.4 a	――	0.2 a
車両部門費(＝b)		0.4 b	0.4 b	0.2 b	――
施 工 部 門 費				a	b

車両部門費（＝b）の各部門へのサービス提供割合にもとづいた配賦額

第1施工部門：$b \times \dfrac{32\%}{32\% + 32\% + 16\%} = 0.4b$

第2施工部門：$b \times \dfrac{32\%}{32\% + 32\% + 16\%} = 0.4b$

修　繕　部　門：$b \times \dfrac{16\%}{32\% + 32\% + 16\%} = 0.2b$

（Step 3）部門費振替表の補助部門の列を縦に見て連立方程式を立てます。

部 門 費 振 替 表　　　　　　（単位：円）

摘　　要	合　　計	施工部門		補助部門	
		第1施工部門	第2施工部門	修繕部門	車両部門
部　門　費	2,000	936	704	240	120
修繕部門費（＝a）		0.4 a	0.4 a	———	0.2 a
車両部門費（＝b）		0.4 b	0.4 b	0.2 b	———
施 工 部 門 費				a	b

$$\begin{cases} a = 240 + 0.2\,b \cdots ① \\ b = 120 + 0.2\,a \cdots ② \end{cases}$$

（Step 4）連立方程式を解いて a 、 b を求めます。

$$\begin{cases} a = 240 + 0.2\,b \cdots ① \\ b = 120 + 0.2\,a \cdots ② \end{cases}$$

②式を①式に代入します。

$$a = 240 + 0.2 \times (120 + 0.2\,a)$$
$$a = 240 + 24 + 0.04\,a$$
$$a - 0.04\,a = 264$$
$$0.96\,a = 264$$

↓　両辺 ÷ 0.96

$$a = 275$$

↓　a = 275 を②式に代入して、

$$b = 120 + 0.2 \times 275$$
$$b = 175$$

↓　したがって最終解答は、以下のようになります。

$$\begin{cases} a = 275 \\ b = 175 \end{cases}$$

連続配賦法による部門費振替表にある＊1を付した数値の合計額がaと、＊2を付した数値の合計額がbと、理論上は一致します。

Step 5 連立方程式の解を Step 2 で作成した部門費振替表に代入
します。

部 門 費 振 替 表 (単位：円)

摘　　　　　要	合　　　計	施工部門		補助部門	
		第1施工部　　門	第2施工部　　門	修　繕部　　門	車　両部　　門
部　　門　　費	2,000	936	704	240	120
修 繕 部 門 費		110	110	———	55
車 両 部 門 費		70	70	35	———
施 工 部 門 費				275	175

Step 6 部門費振替表の表示形式を整えます。

部 門 費 振 替 表 (単位：円)

摘　　　　　要	合　　　計	施工部門		補助部門	
		第1施工部　　門	第2施工部　　門	修　繕部　　門	車　両部　　門
部　　門　　費	2,000	936	704	240	120
修 繕 部 門 費		110	110	(275)	55
車 両 部 門 費		70	70	35	(175)
施 工 部 門 費	2,000	1,116	884	0	0

(注)　部門費振替表の金額につけた（　）はマイナスを意味し、
　　　他の部門へ配賦したことを示しています。

| （第1施工部門） | 180 | （修　繕　部　門） | 240 |
| （第2施工部門） | 180 | （車　両　部　門） | 120 |

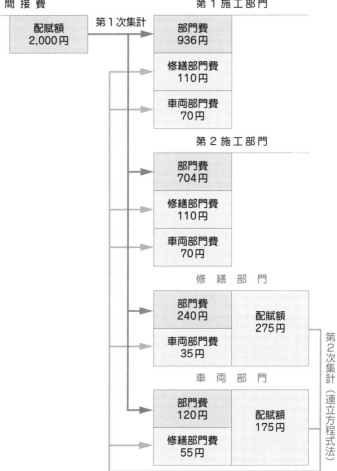

⊖ 問題集 ⊖
問題19

補助部門費の施工部門への配賦④（第2次集計）階梯式配賦法

最後は階梯式配賦法についてみてみましょう。

最後は階梯式配賦法にャ！

階梯式・・・
配賦法？

例 次の資料にもとづいて階梯式配賦法により補助部門費の配賦（第2次集計）を行いなさい。

[資　料]

(1) 部門費の内訳

摘　要	合　計	施工部門		補助部門	
		第1施工部門	第2施工部門	修繕部門	車両部門
部　門　費	2,000	936	704	240	120

部門費振替表　　（単位：円）

(2) 補助部門費の用役提供割合

補助部門	第1施工部門	第2施工部門	修繕部門	車両部門
修繕部門	40%	40%	－	20%
車両部門	40%	20%	20%	20%

階梯式配賦法

　階梯式配賦法とは、CASE33で学習した直接配賦法のように補助部門間のサービスのやりとりをすべて無視することはせ

補助部門間の順位
づけが必要となり
ます。

ず、**一部は考慮して**配賦計算を行う方法です。

したがって、階梯式配賦法では補助部門間のサービスのやりとりのうちどれを考慮し、どれを無視するかを決定しなければなりません。

そこで、**補助部門に順位づけをして、順位の高い補助部門から低い補助部門へのサービスの提供は計算上考慮しますが、順位の低い補助部門から高い補助部門へのサービスの提供は計算上無視します。**

そうすることで補助部門費が配賦によっていったりきたりするという複雑さを回避していきます。

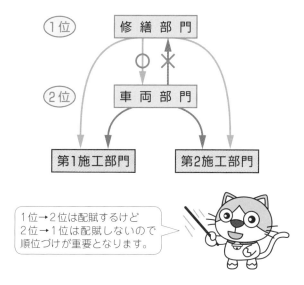

1位→2位は配賦するけど
2位→1位は配賦しないので
順位づけが重要となります。

● 補助部門間の順位づけのルール

補助部門間の順位づけのルールは次のとおりです。

> **第1判断基準**
>
> 他の補助部門への**サービス提供数が多い補助部門を上位**とします（提供数のカウントにおいて、自部門へのサービス提供は含めません）。
>
> **第2判断基準**
>
> 他の補助部門へのサービス提供数が同じだった場合は次のどちらかの方法によります。
> ① 部門費（第1次集計金額）が多い方が上位
> ② 相互の配賦額を比較し相手への配賦額が多い方が上位

CASE36の順位づけ

(1) 第1判断基準…他の補助部門へのサービス提供数

修繕部門：修繕部門→車両部門（20％） 1件
車両部門：車両部門→修繕部門（20％） 1件

第1判断基準では両者同じ1件のサービス提供数なので順位づけできず第2判断基準で判断することになります。

> 自部門へのサービス提供は含めません。

(2) 第2判断基準

① 部門費（第1次集計費）

修繕部門：240円 （1位）
車両部門：120円 （2位）

部門費基準では、修繕部門が車両部門より多いので修繕部門が1位、車両部門が2位となります。

> 試験において、部門費基準によるか、相互配賦額基準によるかは問題文の指示に従います。

② 相互配賦額

修繕部門：$240円 \times \dfrac{20\%}{40\% + 40\% + 20\%} = 48円$

車両部門：$120円 \times \dfrac{20\%}{40\% + 20\% + 20\%} = 30円$

相互配賦額基準では、修繕部門から車両部門への配賦額が48円、車両部門から修繕部門への配賦額が30円と計算され、修繕部門から車両部門への配賦額の方が多いので修繕部門が1位、車両部門が2位となります。

$$修 繕 部 門 \rightleftharpoons 車 両 部 門$$

　部門費振替表は資料の順番に書くのではなく、**高順位の部門を補助部門欄の一番右に記入し、あとは順に左へ記入していきます。**

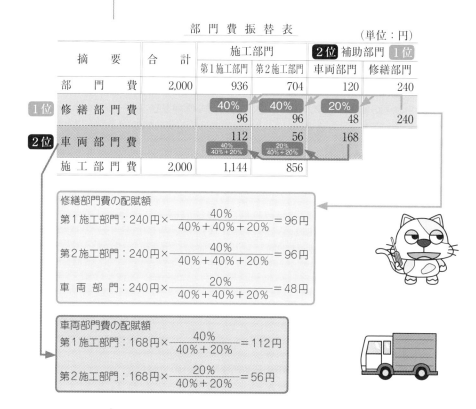

部　門　費　振　替　表

（単位：円）

摘　　要	合　　計	施工部門		2位 補助部門 1位	
		第1施工部門	第2施工部門	車両部門	修繕部門
部　　門　　費	2,000	936	704	120	240
1位 修 繕 部 門 費		40% 96	40% 96	20% 48	240
2位 車 両 部 門 費		112 40%÷40%+20%	56 20%÷40%+20%	168	
施 工 部 門 費	2,000	1,144	856		

修繕部門費の配賦額

第1施工部門：240円 × $\dfrac{40\%}{40\% + 40\% + 20\%}$ ＝ 96円

第2施工部門：240円 × $\dfrac{40\%}{40\% + 40\% + 20\%}$ ＝ 96円

車 両 部 門：240円 × $\dfrac{20\%}{40\% + 40\% + 20\%}$ ＝ 48円

車両部門費の配賦額

第1施工部門：168円 × $\dfrac{40\%}{40\% + 20\%}$ ＝ 112円

第2施工部門：168円 × $\dfrac{20\%}{40\% + 20\%}$ ＝ 56円

　配賦計算は振替表の一番右端の修繕部門（**1位**）から、**自部門より左の部門だけに（施工部門および下位の補助部門）** に配賦をしていきます。

　このルールにもとづいて配賦計算し、振替表を完成させると階段状になることから階梯式配賦法とよばれています。

注意 車両部門（2位）から修繕部門（1位）へのサービスの提供は配賦計算上無視するので注意してください。

問題文の資料と補助部門間の順位は対応していない場合がありますので問題文の資料をよく見て計算しましょう。

CASE36の会計処理

（第1施工部門）	208	（修　繕　部　門）	240
（第2施工部門）	152	（車　両　部　門）	120

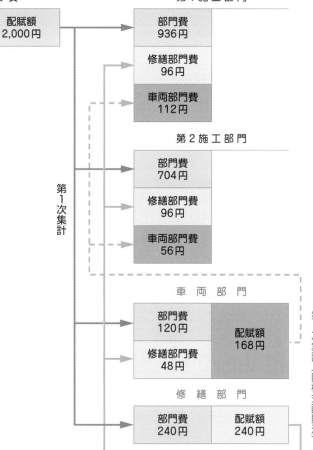

工 事 間 接 費　　　　　　　　　　　第 1 施 工 部 門

配賦額
2,000円

部門費
936円

修繕部門費
96円

車両部門費
112円

第 2 施 工 部 門

部門費
704円

修繕部門費
96円

車両部門費
56円

第1次集計

車 両 部 門

部門費
120円

配賦額
168円

修繕部門費
48円

修 繕 部 門

部門費
240円

配賦額
240円

第2次集計（階梯式配賦法）

CASE 37 部門別計算

単一基準配賦法

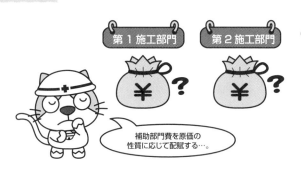

第1施工部門　第2施工部門

補助部門費を原価の
性質に応じて配賦する…。

部門別計算の目的の1つである正確な原価の計算をさらに追求するため、変動費と固定費の違いに目をつけたゴエモン君。発生の性質も違うし、配賦方法も変えたほうがいいのかな。まずは区別しない方からみていきましょう。

例　当社の動力部門は、その施工部門である第1施工部門と第2施工部門に動力を供給している。そこで次の資料により直接配賦法と単一基準配賦法により動力部門費の実際配賦を行いなさい。

［資　料］
1．施工部門の動力消費量

	第1施工部門	第2施工部門	合計
(1)　月間消費能力	350kwh	150kwh	500kwh
(2)　当月実際消費量	300kwh	100kwh	400kwh

(注)　月間消費能力500kwhは年間消費能力にもとづいて設定されている。

2．動力部門の当月実績データ
動力供給量：400kwh
動力部門費：変動費　　4,000円
　　　　　　固定費　　3,500円
　　　　　　合　計　　7,500円

単一基準配賦法

単一基準配賦法とは、補助部門費を各部門へ配賦する際、変動費と固定費を区別せず、**一括して関係部門のサービス消費量の割合で配賦する方法**です。

これまで学習してきた計算方法のことを単一基準配賦法といいます。

CASE37の配賦計算

単一基準配賦法により動力部門費を実際配賦するため、変動費、固定費ともに施工部門の実際動力消費量の割合で配賦します。

動力部門費の配賦額

第1施工部門：$7{,}500円 \times \dfrac{300kwh}{300kwh + 100kwh} = 5{,}625円$

第2施工部門：$7{,}500円 \times \dfrac{100kwh}{300kwh + 100kwh} = 1{,}875円$

部 門 費 振 替 表　　（単位：円）

摘　　要	施工部門		補助部門
	第1施工部門	第2施工部門	動力部門
部　門　費			7,500
動力部門費	300kwh 5,625	100kwh 1,875	
施工部門費			

実際配賦ではシュラッター図のどこを配賦しているのか、確認しておこう。

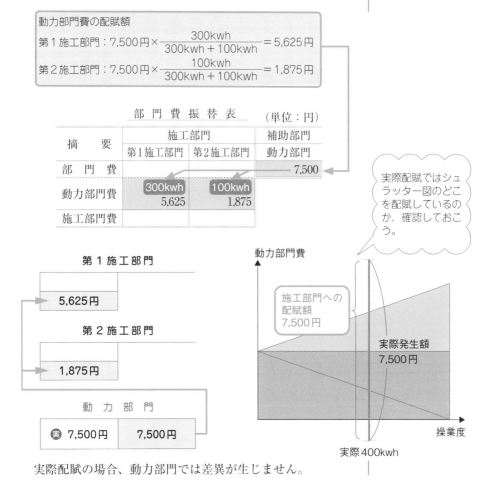

第 1 施 工 部 門

5,625円

第 2 施 工 部 門

1,875円

動 力 部 門

㋺ 7,500円　　7,500円

動力部門費

施工部門への配賦額
7,500円

実際発生額
7,500円

操業度

実際400kwh

実際配賦の場合、動力部門では差異が生じません。

CASE 38 部門別計算

複数基準配賦法

次は複数基準配賦法だニャ！

つづいて、変動費と固定費を区別する複数基準配賦法についてみてみましょう。こちらの方が正確な原価の計算という目的に照らして理論的に望ましいようです。

例 当社の動力部門は、その施工部門である第1施工部門と第2施工部門に動力を供給している。そこで次の資料により直接配賦法と複数基準配賦法により動力部門費の実際配賦を行いなさい。

［資　料］

1. 施工部門の動力消費量

	第1施工部門	第2施工部門	合計
(1) 月間消費能力	350kwh	150kwh	500kwh
(2) 当月実際消費量	300kwh	100kwh	400kwh

（注）月間消費能力500kwhは年間消費能力にもとづいて設定されている。

2. 動力部門の当月実績データ

動力供給量：400kwh

動力部門費：変動費　4,000円
　　　　　　固定費　3,500円
　　　　　　合　計　7,500円

複数基準配賦法

複数基準配賦法とは補助部門費を各部門へ配賦する際、変動費と固定費に区別して、**別個の配賦基準**で配賦する方法です。具体的には、**変動費**は関係部門の**サービス消費量の割合**で配賦し、**固定費**は関係部門の**サービス消費能力の割合**で配賦計算します。

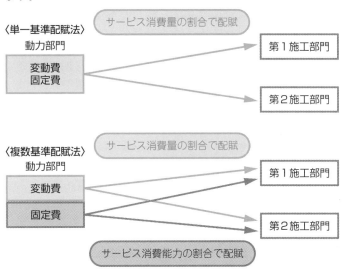

複数基準配賦法の根拠

動力部門の変動費である動力稼働費は施工部門がどれだけ動力を消費したか、つまり、動力消費量に比例して発生します。

一方、動力部門の固定費である動力機械の減価償却費は、動力消費量にかかわらず、一定額発生します。

動力部門であれば、動力を提供するための動力稼働費が変動費であり、動力機械の減価償却費が固定費となります。

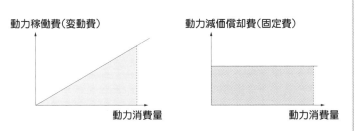

動力部門は、施工部門がフル操業した場合に耐えうるだけの動力機械を用意するので、減価償却費は動力機械を保有することにより発生する原価であり、その金額は動力機械の大小により変化することになります。さらに、動力機械の大小は動力を消費する施工部門の消費能力に左右されることになります。

部門別計算の第1目的である正確な工事原価の計算を達成するためには、**補助部門の変動費と固定費で原価の発生の性質が異なるため、別個の適切な基準で施工部門へ配賦すべきです。**

CASE37の単一基準配賦法では、原価の性質を無視し、サービス消費量で一括に配賦しているので正確な原価計算はできないわけです。

動力稼働費（変動費） 動力稼働費は、動力消費量に左右される。	← **サービス消費量で配賦すべき**

動力部門で発生する原価

動力機械の減価償却費（固定費） 減価償却費は、動力設備の大小により変化し、その動力設備の大小は、動力を消費する施工部門の消費能力に左右される。	← **サービス消費能力で配賦すべき**

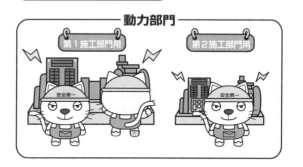

動力部門

第1施工部門用　　　第2施工部門用

CASE38の配賦計算

複数基準配賦法により動力部門費を実際配賦するため、変動費は施工部門の実際サービス消費量の割合で、固定費は施工部門のサービス消費能力の割合で配賦します。

動力部門費の配賦額 **変動費**

第1施工部門：$4,000円 \times \dfrac{300kwh}{300kwh + 100kwh} = 3,000円$

第2施工部門：$4,000円 \times \dfrac{100kwh}{300kwh + 100kwh} = 1,000円$

部 門 費 振 替 表

（単位：円）

摘　　　要	施工部門				補助部門	
	第1施工部門		第2施工部門		動力部門	
	変動費	固定費	変動費	固定費	変動費	固定費
部　　門　　費					4,000	3,500
動 力 部 門 費	300kwh 3,000	350kwh 2,450	100kwh 1,000	150kwh 1,050		
施 工 部 門 費						

動力部門費の配賦額 **固定費**

第1施工部門：$3,500円 \times \dfrac{350kwh}{350kwh + 150kwh} = 2,450円$

第2施工部門：$3,500円 \times \dfrac{150kwh}{350kwh + 150kwh} = 1,050円$

第 1 施 工 部 門

5,450 円

第 2 施 工 部 門

2,050 円

動 力 部 門

実 7,500 円	7,500 円

第2次集計のまとめ

CASE33〜38で説明した第2次集計の処理は、次のとおりに組み合わせることができます。

直接配賦法　相互配賦法　階梯式配賦法　単一基準　複数基準　実際配賦　予定配賦

⇔ 問題集 ⇔
問題20

施工部門費の各工事台帳への配賦（第3次集計）

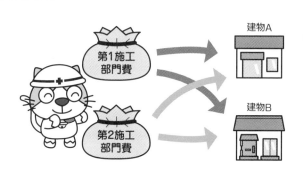

補助部門費の配賦が終わったので、今度は施工部門に集計された施工部門費を、各工事（工事台帳）に配賦しましょう。

例 直接配賦法（CASE34）によって算定した施工部門費を、直接作業時間にもとづいて、各工事台帳に配賦する。

(1) 各部門費の合計

部門費振替表							（単位：円）
摘　　要	合　　計	施工部門		補助部門			
		第1施工部門	第2施工部門	修繕部	繕門部	車部	両門
施工部門費	2,000	1,200	800				

(2) 当月の直接作業時間

	工事No.1	工事No.2	合　　計
第1施工部門	18時間	12時間	30時間
第2施工部門	7時間	3時間	10時間

● 施工部門費の各工事台帳への配賦 (Step 3)

　部門別計算の最後の手続きは、各施工部門に集計された工事間接費（施工部門費）を各工事台帳に配賦することです。

　施工部門費の各工事台帳への配賦額は、CASE25で学習した

工事間接費の配賦と同様に、**各施工部門の配賦率**を求め、それに配賦基準（CASE39では直接作業時間）を掛けて計算します。

> 施工部門ごとに配賦するという点が違うだけです。

CASE39の配賦率

①第1施工部門費の配賦率：$\dfrac{1,200円}{30時間} = @40円$

②第2施工部門費の配賦率：$\dfrac{800円}{10時間} = @80円$

CASE39の各工事指図書への配賦額

	工事No.1	工事No.2
第1施工部門費	@40円 × 18時間 = 720円	@40円 × 12時間 = 480円
第2施工部門費	@80円 × 7時間 = 560円	@80円 × 3時間 = 240円
合　計	1,280円	720円

工事No.1に配賦された施工部門費

工事No.2に配賦された施工部門費

なお、勘定の流れを示すと次のようになります。

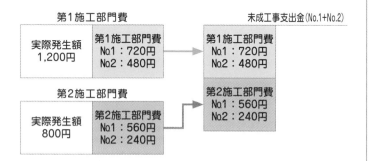

施工部門費の予定配賦①（第3次集計）
部門別予定配賦率の決定と予定配賦

施工部門費も
予定配賦できるんだね！

フーン…

ネコでもわかる
原価計算

実際発生額を集計して
から配賦したのでは、
計算が遅れてしまいます。そ
こで、施工部門費を予定配賦
することで解決します。

例 当年度の年間予算数値と当月の実際直接作業時間は次のとおり
である。

(1) 当年度の年間予算数値

	第1施工部門	第2施工部門	合　計
施工部門費予算	14,400円	9,000円	23,400円
基準操業度 （直接作業時間）	360時間	120時間	480時間

(2) 当月の実際直接作業時間

	工事No.1	工事No.2	合　計
第1施工部門	18時間	14時間	32時間
第2施工部門	7時間	3時間	10時間

施工部門費の予定配賦

　CASE39では、施工部門費の実際発生額を各工事台帳に配賦
（**実際配賦**）しましたが、工事間接費を予定配賦したように、
施工部門費についても予定配賦率を使って**予定配賦**する方法が
あります。

　施工部門費を予定配賦するには、まず、期首に施工部門ごと

工事間接費の予定
配賦と同じ手順で
す。

の1年間の**施工部門費予算額**を見積り、これを**基準操業度**で割って**部門別予定配賦率**を求めます。

$$部門別予定配賦率 = \frac{各施工部門費予算額}{基準操業度}$$

そして、部門別予定配賦率に当月の実際操業度（配賦基準）を掛けて予定配賦額を計算します。

CASE40の予定配賦率

①第1施工部門費の予定配賦率：$\dfrac{14{,}400円}{360時間} = @40円$

②第2施工部門費の予定配賦率：$\dfrac{9{,}000円}{120時間} = @75円$

以上より、CASE40の部門別予定配賦額を計算すると次のようになります。

CASE40の部門別予定配賦額

	工事No.1	工事No.2	予定配賦額
第1施工部門費	@40円×18時間 =720円	@40円×14時間 =560円	1,280円
第2施工部門費	@75円×7時間 =525円	@75円×3時間 =225円	750円
合　計	1,245円	785円	－

工事No.1に予定配賦された施工部門費

工事No.2に予定配賦された施工部門費

第1施工部門費　　　　　　　　　　　未成工事支出金(No.1+No.2)

予定配賦額
1,280円

| 第1施工部門費
No.1：720円
No.2：560円 |

| 第1施工部門費
No.1：720円
No.2：560円 |

予定配賦

第2施工部門費

予定配賦額
750円

| 第2施工部門費
No.1：525円
No.2：225円 |

| 第2施工部門費
No.1：525円
No.2：225円 |

CASE 41

部門別計算

施工部門費の予定配賦②（第3次集計）月末の処理

9/30

月末といったら
差異の把握！

今日は月末。

ゴエモン㈱では、施工部門費は予定配賦をしています。

今日、施工部門費の実際発生額が集計できたので、差異を把握することにしました。

取引 当月の施工部門費の実際発生額は、第1施工部門が1,300円、第2施工部門が745円であった。なお、施工部門費は予定配賦しており、予定配賦額は第1施工部門が1,280円、第2施工部門が750円である。

● 施工部門費を予定配賦した場合の月末の処理

> 処理は、工事間接費配賦差異と同じです。

　施工部門費を予定配賦している場合でも、月末において、施工部門費の実際発生額を集計します。そして、施工部門費の実際発生額は各施工部門費勘定の借方に記入されます。

第1施工部門費	
実際発生額 1,300円 （CASE41）	予定配賦額 1,280円 （CASE40）

第2施工部門費	
実際発生額 745円 （CASE41）	予定配賦額 750円 （CASE40）

　上記の施工部門費勘定からもわかるように、施工部門費を予定配賦している場合には、予定配賦額と実際発生額に差額が生じます。

この差額は、**部門費配賦差異**として処理し、各施工部門費勘定から**部門費配賦差異勘定**に振り替えます。

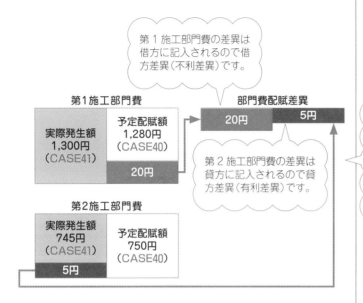

第1施工部門費の差異は借方に記入されるので借方差異（不利差異）です。

第2施工部門費の差異は貸方に記入されるので貸方差異（有利差異）です。

変動費と固定費に分かれる場合、部門費配賦差異は、第4章で学習したように、予算差異・操業度差異として分析することがあります。

CASE41の仕訳

（部門費配賦差異）	20	（第1施工部門費）	20
（第2施工部門費）	5	（部門費配賦差異）	5

⇔ 問題集 ⇔
問題21、22

第6章

機材等使用率の決定

建設業では、建物の材料以外にも、
建設工事での機械や仮設材料とかも使われるけど、
これらはどうやって原価に入れるのだろう。

ここでは、建設業特有の論点である社内センター制度
と、社内損料計算制度についてみていきましょう。

CASE 42 機材等使用率の決定

機材等使用率とは？

共通で使っている機材の原価はどう配分しようか？

工事 A 工事 B 工事 C

建設業には、木材やクギなど、どの工事にいくらかかったかすぐにわかるものが多いけど、トラクターや仮設の足場の費用はどのような計算をするのでしょうか？

● 機材等使用率とは

　機材等使用率とは、建設工事での機械や仮設材料の使用により生じた減価や減耗分を把握するために用いられます。建設工事での機械や仮設材料などは、建設現場が移動的なので、1つの工事が終われば、また次の工事にも繰り返し使用されます。しかし、工事の時期が異なるなどの理由により、各工事へ単純に原価を配賦することはできません。

　そこで、事前に使用率を決定し、これを用いて計算します。

　機械、仮設材料などの使用率を決定する方法には、次の2つがあります。

> 事前に決定することにより、原価管理や、計算の迅速化等のメリットがあります。

機械、仮設材料などの使用率の決定方法

● 社内センター制度
　社内に機材を調達・管理する業務センターを設けて、一括管理する方法
● 社内損料計算制度
　機材の時間あたりまたは日数あたりの使用率を事前に設定する方法

社内センター制度による使用率の決定

どの工事現場に、どれだけ費用配分すればいいのか…?

専門の部門を設けて計算させましょう。

ゴエモン㈱では、社内センター制度を利用して使用率の決定をしています。具体的にどのような計算をするのでしょうか?

例 次の資料にもとづき、切削機械A、Bをコスト・センターとして、切削機械費率を求め、No.101工事現場への原価配賦額を求めなさい。

[資　料]
1．個別費
　　　切削機械A：14,000円、切削機械B：17,000円

2．共通費

	金　額	配賦基準
修　繕　費	10,000円	予定作業時間
消耗品費	12,000円	予定使用量

3．切削機械関係データ

	切削機械A	切削機械B
予定作業時間	60時間	40時間
予定使用量	1,000個	2,000個

4．No.101工事現場の当月実績データ（予定作業時間を配賦基準とする）
　　　切削機械A：5時間、切削機械B：4時間

● 社内センター

社内センターとは、施工部門に補助的なサービスを提供する部門（補助部門）を組織の管理的な意味からも確立したものをいい、次のような利点があります。

あらかじめ使用率がわかれば、大体どのくらいの原価になりそうか工事の途中でも計算できます。

> ### センター化の利点
> ●受注工事の施工活動の効率化
> ●全社的な工事原価管理
> ●工事原価の正確な計算、計算の迅速化

● コスト・センターの決定

社内センター制度による使用率は、仮設部門、機械部門、運搬部門などの中に、さらに小区分化された**コスト・センター**をもつことが必要になります。

たとえば、次のようなものがあります。

機種別のコスト・センターを特に、マシン・センターとよびます。

> ### コスト・センターの例
> ●仮設部門…仮設材料別のコスト・センター
> ●機械部門…機種別のコスト・センター
> ●運搬部門…車種別のコスト・センター

● 使用率の決定方法

機械部門では、次のようになります。

> 機械使用1時間（日）あたりの使用率
> $$= \frac{一定期間における機種別のコスト・センターの機械費予算額}{一定期間機械予定使用時間（日数）}$$

なお、機械費予算額を決めるには、関連コストをまず、機械個別費と機械共通費に区分します。

そして、機械個別費は直接センター別に賦課し、機械共通費は機械部門全体の予算額を各センターに配賦します。

部門別計算の考え方と似ています。

したがって、CASE43のコスト・センターは次のようになります。

切削機械A、Bがそれぞれコスト・センターとなります。

部門別計算の配賦と同様に行います。

⑴ **修繕費**

10,000円 ÷（60時間 + 40時間）= @100円

@100円 × 60時間 = 6,000円（切削機械A）

@100円 × 40時間 = 4,000円（切削機械B）

⑵ **消耗品費**

12,000円 ÷（1,000個 + 2,000個）= @4円

@4円 × 1,000個 = 4,000円（切削機械A）

@4円 × 2,000個 = 8,000円（切削機械B）

	切削機械A	切削機械B
個　別　費	14,000円	17,000円
共　通　費		
⑴　修　繕　費	6,000円	4,000円
⑵　消耗品費	4,000円	8,000円
予　算　額	24,000円	29,000円

　したがって、CASE43の切削機械費率は、次のようになります。

切削機械A：24,000円 ÷ 60時間 = @400円

切削機械B：29,000円 ÷ 40時間 = @725円

@400円 × 5時間 + @725円 × 4時間 = 4,900円

　　切削機械A　　　　　　切削機械B

⇔ **問題集** ⇔

問題23 ～ 25

機材等使用率の決定

社内損料計算制度

パワーショベル#0015を使いたいの？

それなら運転1時間当たりの料金は××円で、この金額は減価償却費の50%と修繕維持費をベースにした請求額となっています。同時に1日あたりの料金として減価償却の50%と管理費をベースに計算した金額を負担していただきます。なお、万一返却が遅れた場合にはこれらの料金をもとに不足額を

… ウチで買った機械だよね？

社内センター制度のほかに使用率の計算をする方法として社内損料計算制度があります。社内センター制度とは、どこが違うのでしょうか？

損料とは

損料とは、補助的なサービスの使用料のことです。機械などを利用するためにかかるものならば、減価や減耗だけでなく、定期的なメンテナンス、修繕、管理コスト等も含みます。

社内損料計算制度

社内損料計算制度とは、社内の他部門サービスの使用料を他から調達して支払うかのように計算して、その金額を工事原価に算入するシステムをいいます。

適用されるサービスとしては、仮設材料や建設機械があります。

> 本試験では社内損料計算制度のことを社内利用料管理方式とよぶこともあります。

仮設材料の損料計算

仮設足場、仮設フェンス、
…仮設ステージ？

そんなの
あったっけ？

ゴエモン㈱では当期に
利用する仮設材料の使
用率を使っていますが、この
使用率はどのように計算する
のでしょうか。

例 次の資料にもとづいて、鋼製型枠の供用1日あたりの仮設材料の
損料を計算しなさい。

［資　料］
1. 取得原価　　　　　　　　600,000円
2. 耐用年数　　　　　　　　10年
3. 全期間修繕費率　　　　　30%
4. 年間管理費予算額　　　　8,000円
5. 年間標準供用日数　　　　250日
6. 償却費率は90%とする。

社内仮設材料の構成要素

社内仮設材料は次のように分類されます。

> 損料計算をする前
> に、まず構成要素
> 別に分類します。

社内仮設材料の構成要素

- 仮設材料の減価償却費
- 仮設材料の正常的損耗費
- 仮設材料の定期整備・修繕費
- 仮設材料の保管等管理費

計算方式

　構成要素をもとに、供用1日あたりの仮設材料の損料を計算します。

> 供用1日あたりの仮設材料の損料
> $$= \frac{1年あたりの（減価）償却費＋年間維持修繕費＋年間管理費}{年間標準供用日数}$$

　したがって、CASE45の供用1日あたりの仮設材料の損料は、次のようになります。

> 年間標準供用日数とは、実績または推定により定められる年間の標準的使用日数をいいます。

CASE45の供用1日あたりの仮設材料の損料

　1年あたりの償却費：600,000円×90%÷10年＝54,000円

　年間修繕費：取得原価×全期間修繕費率÷耐用年数
　　　　　　　＝600,000円×30%÷10年
　　　　　　　＝18,000円

　年間管理費：8,000円

　供用1日あたりの仮設材料の損料：

$$\frac{54,000円＋18,000円＋8,000円}{250日} ＝ 320円$$

⊖ 問題集 ⊖
問題26、27

建設機械の損料計算

建設機械の
損料を計算してみよう

ゴエモン㈱では当期に利用する建設機械の使用率を計算しています。

仮設材料の計算方法とは違って変動費と固定費で分けて計算するようです。

どのように計算するのでしょうか。

例 次の資料にもとづいて、建設機械の(1)供用1日あたりの損料(2)運転1時間あたりの損料を計算しなさい。

［資　料］
1．取得原価　　　　　　　　　5,000,000円
2．耐用年数　　　　　　　　　　　5年
3．残存価額　　　　　　　　　　　10%
4．全期間維持修繕費率　　　　　　80%
5．年間管理費率　　　　　　　　　10%
6．年間標準運転時間　　　　　　5,000時間
7．年間標準供用日数　　　　　　　250日
8．減価償却方法は定額法とする。

● 社内機械損料の構成要素

社内機械損料は次のように分類されます。

損料計算をする前に、構成要素別に分類し、変動費と固定費に区分し、それぞれの使用率を計算します。

社内機械損料の構成要素

● 機械の減価償却費 ｛ 2分の1
　　　　　　　　　　 2分の1
● 機械の維持修繕費 ──────── 変動費
● 機械の公租公課等管理費 ──── 固定費

● 変動費と固定費の分類

建設機械においては、構成要素の性質により、変動費（アクティビティ・コスト）と固定費（キャパシティ・コスト）に分類する必要があります。

⑴　機械の減価償却費

機械を使用したことによる減価と、時間が経過したことによる減価が混在していると考えられるので、半分ずつ変動費と固定費に分けます。

⑵　機械の維持修繕費

機械を使用することにより必要になるメンテナンス費用であるため、全額変動費として扱います。

⑶　機械の公租公課等管理費

公租公課や、機械を置いておく管理費などは、機械の使用に関係なく必要になる費用であるため、全額固定費として扱います。

● 変動費と固定費の使用率の算定

変動費については、変動費負担的な性格をもった使用率として**運転１時間あたり損料**を、固定費については、固定費回収的な性格をもった使用率として**供用１日あたり損料**を求めます。

⑴　変動費

運転１時間あたり損料

$$= \frac{1年あたりの減価償却費 \div 2 + 年間維持修繕費}{年間標準運転時間}$$

CASE46⑴運転１時間あたり損料

１年あたりの減価償却費の半額：

5,000,000円 × 0.9 ÷ 5 年 ÷ 2 = 450,000円

年間維持修繕費：$5,000,000 円 \times 80\% \div 5 年 = 800,000 円$

運転1時間あたり損料：$\dfrac{450,000 円 + 800,000 円}{5,000 時間} = 250 円$

(2) 固定費

> 供用1日あたり損料
> $= \dfrac{1 年あたりの減価償却費 \div 2 + 年間管理費}{年間標準供用日数}$

CASE46(2)供用1日あたり損料

1年あたりの減価償却費の半額：

$5,000,000 円 \times 0.9 \div 5 年 \div 2 = 450,000 円$

年間管理費：$5,000,000 円 \times 10\% = 500,000 円$

供用1日あたり損料：$\dfrac{450,000 円 + 500,000 円}{250 日} = 3,800 円$

⇔ 問題集 ⇔
問題28 〜 30

参考

供用1日あたり損料から取得価額を推定する方法

供用1日あたり損料から固定資産の取得価額を推定する問題が出題されることがあります。例題をとおして確認しましょう。

> **例** 次の資料にもとづいて、クレーン機の取得価額を答えなさい。
>
> [資　料]
> 1. 取得価額（基礎価格）：各自計算すること
> 2. 耐用年数：10年
>   償却費率：100%
>   減価償却方法：定額法
> 3. 管理費率：7％（年間）
> 4. 年間標準供用日数：200日
> 5. 供用1日あたり損料：21,600円

解答

取得価額（基礎価格）を X として計算します。

21,600円＝（X × 7％ ＋ X ÷ 10年 ÷ 2）÷ 200日

　供用1日　　　管理費　　　減価償却費
　あたり損料　　予算　　　　の半額

21,600円＝ 0.12 X ÷ 200日

　　　　　 X ＝ 36,000,000円

第7章

工事別原価の計算

財務諸表を作成するには、それぞれの工事における
原価を集計しないといけないけど、
どのように集計するんだろう?

ここでは工事別原価の計算について
みていきましょう。

工事別原価の計算

こんな感じで。

小学生？

財務諸表を作成するためには、それぞれの工事において材料費や労務費などがどれだけ消費されたのか把握する必要があります。

それぞれの材料費や労務費などはどのように集計されていくのでしょうか？

工事別原価計算と個別原価計算

『原価計算基準』は、一般的な製造業における原価の製品別計算を次のように定義しています。

19 原価の製品別計算および原価単位

原価の製品別計算とは、原価要素を一定の製品単位に集計し、単位製品の製造原価を算定する手続をいい、原価計算における第三次の計算段階である。

建設業における製品とは、各工事のことなので、工事別原価計算が製品別計算を意味することになります。具体的には、原価計算単位として選定された工事別の完成工事原価または未成工事原価を最終的に確定する作業のことです。

原価計算の形態

製造業の製品別原価計算では、生産形態の種類別に対応して次のように区分しています。

原価計算の形態	
①個別原価計算	②単純総合原価計算
③等級別総合原価計算	④組別総合原価計算

建設業では、個別受注生産のため原則として①になりますが、②〜④の総合原価計算を適用する場合もあります。

総合原価計算は第9章で学習します。

工事別原価計算の目的

　工事別原価計算を行い、工事別の単位原価を計算する目的は、外部利害関係者への情報開示のために財務諸表を作成することです。

個別原価計算としての工事別原価計算

　前述のように、製品別の原価計算は生産形態に応じて個別原価計算と総合原価計算に分けることができますが、建設業は個別受注生産が多いため、主として個別原価計算が適用されることになります。

　個別原価計算による工事別原価計算は、

費目別計算　➡　部門別計算　➡　工事別原価計算

というように部門別個別原価計算を行うのが厳密な原価計算の手続きですが、建設業では工事原価に占める直接費の割合が高く、施工部門のコストがほとんど直接費となるので、

費目別計算　➡　工事別原価計算

という単純個別原価計算（部門別原価計算を省略した個別原価計算）を採用することが多いです。

個別原価計算の手続き

　個別原価計算は次のような手続きにもとづいて行われます。なお、個別原価計算は、個別受注、ロット別生産、特定生産等への適用が望ましいです。
①　特定製造指図書を発行し、それに付された指図書番号別に原価を集計します。
②　特定生産物の生産が完了した時点で集計が終わります。原価計算期間の特定が必要なわけではありませんが、財務諸表を作成するうえで、一定期間における完成工事原価と未成工事原価を明確に分けることが必要になります。

建設業では契約前の業務（調査、見積り等）に時間がかかる場合は、採算原価の算定のために仮工事番号を設定することがあります。

③　直接費と間接費の区分が最も重要な原価分類であり、また、間接費（共通費）の配賦のために部門別計算や損料計算などの計算手法が工夫されています。

④　原価集計が終了したら、それを関係部署に報告します。予定配賦や正常配賦を用いている場合には実際原価と予定原価等との差異の分析も重要になります。

● 工事原価の内訳

工事原価は次の2つに分けることができます。

工事原価

●形態別原価
　外部報告用である財務諸表作成のために事後原価計算で重視される原価です。
●工種別原価
　注文獲得時の見積り作業等の事前原価計算で重視される原価です。積算業務や実行予算作成業務において使用され、外部に公表されることはありません。

なお、近年は、コンピュータの普及により、事前原価と事後原価、財務会計用原価と管理会計用原価などの、従来では、計算集計の作業が異なっていたものを統合化システムの中で処理することが可能になってきました。よって、今後は、形態別原価を事前の実行予算作成に使用したり、工種別原価を事後の原価把握に使用したりするなど、形態別と工種別の両区分を統合していくことが望ましいと考えられます。

工事台帳と工事原価計算表

(1) 工事台帳とは

工事台帳とは、日々の取引を工事別に集計するための帳簿です。

工 事 台 帳

着工日　　平成×年7月3日　　　台帳　No.0001

完成日　　　　　7月31日　　　工事名　○○工事

工 事 支 出 金

(単位：千円)

直接材料費			直接労務費			直接外注費			直接経費			合計			
月	日	金額	月	日	金額	月	日	金額	月	日	金額	月	日	費目	金額
7	3	45	7	5	15	7	10	90	7	11	11	7	31	直接材料費	101
	16	56		14	35		28	32		13	6		〃	直接労務費	138
				20	38					16	15		〃	直接外注費	122
				26	40					25	17		〃	直接経費	49
				30	10								〃	工事間接費	70
		101			138			122			49				480

工事台帳の記帳・作成にあたっては、次のような点に注意します。

> **工事台帳の記帳・作成の注意点**
> ①工事ごとの指図書番号別に記帳
> ②原価が発生した取引は、これを日付順に記帳
> ③材料費・労務費・外注費・経費の4つの欄別
> 　に記帳

さらに、摘要欄を設けて内訳科目を記入し、後日集計できるようにすることが望ましいです。

(2) 工事原価計算表

工事原価計算表とは、工事原価を計算・集計・明示するために使用する表です。記録簿、運算表、報告書等として使われる

こともあります。

　工事別の原価データを一つの表にまとめるための工事台帳の集計表が、工事原価計算表です。工事台帳の集計表としての工事原価計算表に、予算との比較や消化率などの表示を加えると原価管理に役立つデータとなります。

　なお、工事台帳は、比較的小規模な企業において工事原価計算表の役割を兼ねることができます。

工事原価集計表

（単位：千円）

台帳No. 費目	0001	0002	0003	0004	合計
前 月 繰 越	156	―	―	―	156
直 接 材 料 費	46	95	177	65	383
直 接 労 務 費	164	139	356	129	788
直 接 外 注 費	68	102	90	54	314
直 接 経 費	77	44	105	58	284
工 事 間 接 費	134	78	251	98	561
合 計	645	458	979	404	2,486

工事別原価計算の具体的な手続きの流れ

① 　受注した工事別に工事番号を定めて、工事指図書を発行します。

② 　工事指図書別に直接費と間接費に大別し、直接費を形態別分類（材料費、労務費、外注費、経費）に整理します。

③ 　直接費を発生のつど、または定期的に形態別あるいは工事別の工事台帳に記入します。

④ 　工事間接費（現場共通費）を工事間接費台帳に記入し、定

期的に各工事番号に配賦します。

⑤　各々の工事台帳に集計された工事原価を未成工事支出金と
して処理し、その工事の完成引渡時に完成工事原価へと振り
替えます。

● 完成工事原価報告書

完成工事原価報告書とは、原価計算の結果を社内および社外
へ報告するものです。なお、外部報告書としての「完成工事原
価報告書」は、損益計算書における完成工事原価の内訳明細書
になります。

なお、国土交通省令『建設業法施工規則』様式第16号「完
成工事原価報告書」において次のような様式が示されていま
す。

```
            完成工事原価報告書
            自×年×月×日
            至×年×月×日
                          (会社名)
   Ⅰ　材　料　費        ×××
   Ⅱ　労　務　費        ×××
      (うち労務外注費     ×××)
   Ⅲ　外　注　費        ×××
   Ⅳ　経　　　費        ×××
      (うち人件費        ×××)
      完成工事原価        ××××
```

⇔ 問題集 ⇔
問題31〜35

第8章

工事契約会計における原価計算

工事って長期間に及ぶけど、収益の認識は
完成したときでいいのかな？

ここでは工事契約における原価計算と収益の
計算方法についてみていきます。

工事契約に関する会計基準

完成は2年後ですぜ？

あれ？まさか…
それまで売上ゼロ…？

工事中

工事契約では収益・費用の認識について特殊な制度があるみたい。でも、どのようなものが工事契約として対象になるのでしょうか？ 工事契約に関する会計基準の適用範囲からみていきましょう。

工事契約会計

工事契約では、その施工期間が長期間に及ぶため、完成したときにだけ売上として収益を計上するのでは、工事を通して収益を獲得しているという、収益の形成過程を無視しています。また、完成時点に多額の収益・費用が計上されるため財務諸表の有用性にも欠けてしまいます。

そのため、工事収益および工事原価の会計処理ならびに開示に適用されるものとして、**工事契約に関する会計基準**があります。

会計基準の適用範囲

会計基準では、工事契約は基本的な仕様や作業内容を顧客の指図にもとづいて行うもので、仕事の完成に対して対価が支払われる請負契約と定義されています。

この定義に該当するものとして以下の2つに分けられます。

① 土木、建築、造船や一定の機械装置の製造等での請負契約

② 受注制作のソフトウェアの請負契約

建設業経理士試験
で出るのは①です。

工事契約に係る認識基準

何？
この無計画な工事…。

進捗度が
よくわからない…。

工事契約の収益・費用の認識基準には工事進行基準と工事完成基準の2つがあります。
どういう場合にどちらの基準が適用されるのでしょうか。

工事契約に係る認識基準

工事契約に係る認識基準とは、工事契約の収益と原価を認識するための基準で、次の2つがあります。

工事契約に係る認識基準	
工事進行基準	工事契約に関して、工事収益総額、工事原価総額および決算日における工事進捗度を合理的に見積り、これに応じて当期の工事収益および工事原価を認識する方法
工事完成基準	工事契約に関して、工事が完成し、目的物の引渡しを行った時点で、工事収益および工事原価を認識する方法

とても
重要

工事進行基準

2つの基準のうち、原則として**成果の確実性**が認められる場合には工事進行基準を使います。そして、成果の確実性が認められるには、次の3つの要素について、信頼性をもって見積ることができる必要があり、それが認められない場合には工事完成基準を使います。

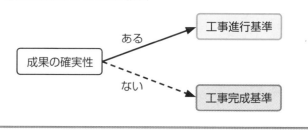

成果の確実性

次の３つが信頼性をもって見積ることができるときに、成果の確実性があるという。
- ●工事収益総額
- ●工事原価総額
- ●決算日における工事進捗度

実際の計算問題では、工事収益総額と工事原価総額が与えられていることが多いので、工事進捗度を求めることがポイントになります。

● 工事進捗度の算定

工事進捗度の算定について、実務においては**原価比例法**が多く採用されています。

これは、決算日までにかかった原価の総額が、工事原価総額に占める割合をもって、工事進捗度とする方法です。

工事進捗度は、次の計算式で算定します。

$$工事進捗度 = \frac{決算日までに発生した工事原価総額}{見積工事原価総額}$$

施工面積の比率から求める方法なども考えられますが、まずは原価比例法をマスターしましょう。

建設業では、工事原価の算定に重点を置いているため、基本的に、常時継続的に適正な工事原価計算をする体制が整えられているからです。

⇔ 問題集 ⇔
問題36、37

適正な原価計算の基本

私の給料もここの工事原価になります？

販売員の給料は販管費ですね。

原価比例法はわかったけど、そのもととなる原価はどうやって計算するのでしょうか？
どこまでが工事原価に含まれるのかとあわせてみていきましょう。

個別原価計算の適用

工事契約は、その生産形態が受注生産であり、発注者の指図にもとづいて行われるため、個別原価計算が適用されます。

> 建設業以外の製造業であっても、特注品などは個別原価計算によって、具体的な原価を計算します。

製品原価と期間原価の対応

『原価計算基準』では、「原価は経営目的に関連したものである」と規定しています。この「経営目的」とは、生産・販売に係るものであり、売上原価（製造原価）と販売費及び一般管理費が該当します。

これらは、売上高との対応が明確な製造原価を製品原価、明確でない販売費及び一般管理費は期間原価とし、工事原価においても原則として同様に扱います。

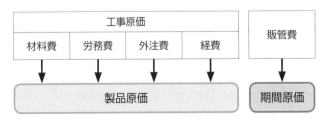

工事原価				販管費
材料費	労務費	外注費	経費	
製品原価				期間原価

● 販売直接経費の取扱い

　販売直接経費とは、販売に直接係る経費で、(1)施工前の注文獲得費、(2)施工後の注文履行費、(3)過失による予想し得ない損失などを含み、これらは性質によって取扱いが異なります。

販売直接経費の取扱い	
施工前の注文獲得費	顧客との契約に含まれるものではないため、販売費及び一般管理費に含まれます。
施工後の注文履行費	顧客との契約により義務付けられている行為（工事の完了後の引渡しなど）の費用は工事原価に含まれます。
過失による予測し得ない損失	一般の会計では「損失」として処理されますが、工事原価計算では、その工事から損失を回収するという性質を考慮して、工事原価に算入されることもあります。

CASE 51　工事契約会計における原価計算

工事契約会計の原価計算方法

それでは、工事契約会計における実際の計算方法を具体的にみていきましょう。

例　ゴエモン㈱のA工事とB工事について、収益認識基準に工事完成基準を採用している場合と、工事進行基準を採用している場合で、当期に計上すべき完成工事高を計算しなさい。

［資　料］

	請負金額	見積工事原価総額	当期発生工事原価	過年度発生工事原価
A工事	15,000,000円	12,000,000円	3,500,000円	8,500,000円
B工事	8,000,000円	7,200,000円	2,520,000円	0円

1．当期において、A工事は完了しているが、B工事は未了である。
2．工事進行基準における、工事進捗度の計算は原価比例法による。

● 工事完成基準の計算

　工事完成基準では、工事が完成した期に収益および費用を認識します。

> 完成までの工事発生原価は「未成工事支出金」で処理していますね。

CASE51の工事完成基準の完成工事高

A工事：15,000,000円（当期完成）
B工事：0円（当期未完成）

過年度から、工事が続いている分の収益については、当期までの累計と過年度までの累計の差額で当期分を求めます。

工事進行基準の計算

工事進行基準では、工事進捗度を計算し、それに応じた工事完成高を収益に計上していきます。

(1) **A工事**

①当期末累積原価：

$$8,500,000円 + 3,500,000円 = 12,000,000円$$

②前期末累積原価：8,500,000円

③当期末累積完成工事高：

$$15,000,000円 \times \frac{12,000,000円}{12,000,000円} = 15,000,000円$$

④前期末累積完成工事高：

$$15,000,000円 \times \frac{8,500,000円}{12,000,000円} = 10,625,000円$$

CASE51の工事進行基準の完成工事高（A工事）

$$15,000,000円 - 10,625,000円 = 4,375,000円$$

(2) **B工事**

①当期末累積原価：2,520,000円

②前期末累積原価：0円

③当期末累積完成工事高

$$8,000,000円 \times \frac{2,520,000円}{7,200,000円} = 2,800,000円$$

④前期末累積完成工事高

$$8,000,000円 \times \frac{0円}{7,200,000円} = 0円$$

CASE51の工事進行基準の完成工事高（B工事）

$$2,800,000円 - 0円 = 2,800,000円$$

⊜ 問題集 ⊜
問題38

営業費と財務費用

工事原価以外の
コストも削減しなきゃ
ダメだと思うんだ！

え!?

社長の給料
削っておきますね。

発生・認識したコストには、工事に関して直接的に関連のない原価が含まれます。
注文を受注するための広告宣伝や顧客へのアフターサービス費用などはどのように管理したらよいのでしょうか？

営業費の意義

営業費とは、販売費及び一般管理費のことです。

建設業においては工事原価の算定を重視するので、従来、営業費は単に費目別の実際発生額を把握すればよかったのですが、市場の肥大化、産業構造の複雑化、経営組織の高度化などによって総原価に占める営業費の割合が増大してきており、その計算が重視されるようになってきました。

営業費の分類

営業費は次のように分類することができます。

営業費の分類

● 形態別分類
● 機能別分類
● 計算対象との関連における分類（直接費・間接費）
● 操業度との関連における分類（変動費・固定費）
● 管理可能性にもとづく分類（管理可能費・管理不能費）

この分類は、第1章で学習しましたね。

営業費に関しては、予算管理を効果的に実施することに関連して、さらに次のように区分することができます（一種の機能別分類といえます）。

(1) 注文獲得費

注文獲得費とは、需要を喚起し、受注を促すためのコストです。企画調査、広告宣伝、セールスプロモーションなどの費用からなります。これらの支出は、経営者等の判断によって大幅に変動しやすい政策費としての性格を有しているため、割当型予算による編成が適しています。

(2) 注文履行費

注文履行費とは、獲得した注文を履行するためのコストです。物流、集金関係、アフターサービスなどの費用からなります。これらの支出は、受注が原因となって発生するため、成果との関係が把握しやすく能率の測定が容易です。そのため、変動予算などを編成して管理することが適しています。

(3) 全般管理費

全般管理費とは、企業全体の活動の維持・管理のためのコストです。総務、経理など機能関係の費用からなります。これらは注文の獲得や履行とは関係なく支出されるものであるため、発生は多様かつ非定型であるといえます。よって固定予算を編成して管理することが適しています。

財務費用

財務費用とは、借入金に対する支払利息などの費用をいいます。

財務費用は『原価計算基準』において、「経営目的に関連しない価値の減少」であるとして非原価項目としています。よって工事原価には算入しません。

第9章

建設業と総合原価計算

建設業は、個別受注生産が多いのですが、
建設に必要な資材や、インテリアを
大量に生産することもあります。
資材やインテリアのように
同じ規格の製品を大量に生産する場合は、
総合原価計算を使うんだって！
個別原価計算とは、何が違うんだろう…。

ここでは、総合原価計算についてみていきましょう。

CASE 53 総合原価計算総論

総合原価計算とは?

ゴエモン(株)

「インテリアの置物
大量生産を
はじめました。」

ゴエモン㈱では、今月からインテリアの置物の大量生産をはじめました。オーダーメイド品と違って、同じ製品を大量に生産する場合の原価の計算方法「総合原価計算」では、どのように製品原価を計算するのでしょうか?

> **例** 当月、製品200個を作りはじめ、当月中にすべて完成した。なお、当月の製造費用は10,000円であった。製品1個あたりの原価を計算しなさい。

● 個別原価計算と総合原価計算

　個別原価計算は、建設業のようにお客さんの注文に応じて注文品を個別に生産する企業において用いられる原価計算の方法でした。各製品(各工事)ごとに原価が異なるので、個々の製品(工事)ごとに製造指図書(工事指図書)を発行し、この製造指図書(工事指図書)ごとに原価を集計することで各製品(各工事)の原価を計算しました。

当月製造費用10,000円

(単位:円)

	No. 1	No. 2	No. 3	合計
直 接 材 料 費	1,000	2,000	800	3,800
直 接 労 務 費	900	1,800	1,200	3,900
製 造 間 接 費	600	1,000	700	2,300
合　　　計	2,500	4,800	2,700	10,000

これに対し総合原価計算は、同じ規格の製品を連続して大量に生産する企業において用いられる原価計算の方法です。

総合原価計算では、同じ規格品を生産するため、どの製品も同じ原価を負担するという前提のもとで、簡便的に製品原価を計算していきます。

具体的には、1カ月間に製品を生産するのにかかった製造原価をまとめて集計し、1カ月間の製品の生産量で割ることによって製品1個あたりの原価を計算していきます。

したがって、CASE53の完成品単位原価は次のように計算されます。

> 建設業における総合原価計算は、資材やインテリアの製造だけではなく、マンション等の建築にも用いることがあります。

CASE53の完成品単位原価

$$\frac{10,000円}{200個} = @50円$$

● 総合原価計算の分類

総合原価計算は、生産される製品の種類や工程別計算の有無などにより次のように分類されます。

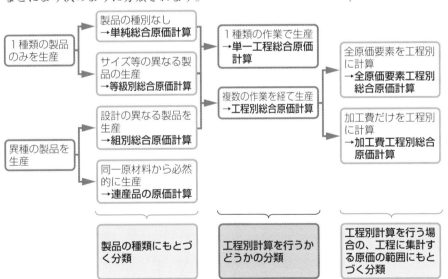

● 総合原価計算における原価の分類

　総合原価計算では素材などの直接材料をまず製造工程の始点で投入し、あとは、この直接材料を切ったり組み立てたりして加工するような生産形態が多いため、製造原価を**直接材料費**と**加工費（＝直接材料を加工するためのコスト）の2種類に分類**し、製品の原価を計算します。

製 造 原 価	直 接 材 料 費	直 接 材 料 費
	間 接 材 料 費	
	直 接 労 務 費	
	間 接 労 務 費	加　　工　　費
	直 接 外 注 費	
	間 接 外 注 費	
	直 接 経 費	
	間 接 経 費	

個別原価計算での分類　　　総合原価計算での分類

単純総合原価計算（平均法）

まず平均法について
みていこう。

120個
月初仕掛品

400個
完成品

360個
丸太の木

80個
月末仕掛品

総合原価計算のポイントは月初仕掛品原価と当月製造費用の合計を完成品原価と月末仕掛品原価に按分することにあります。
ここでは、総合原価計算の基本的な計算パターンについてみていきましょう。

例　次の資料にもとづいて、平均法により月末仕掛品原価、完成品原価、完成品単位原価を計算しなさい。なお、直接材料は工程の始点で投入している。

生産データ	製造原価データ

月初仕掛品　120個（0.5）　　月初仕掛品原価
当月投入　　360　　　　　　　直接材料費：12,000円
合計　　　　480個　　　　　　加工費：9,360円
月末仕掛品　80　（0.8）　　　当月製造費用
完成品　　　400個　　　　　　直接材料費：43,200円
　　　　　　　　　　　　　　　加工費：63,024円

（注）（　　）内の数値は加工進捗度である。

用語　**単一工程単純総合原価計算**…単一工程単純総合原価計算とは、1種類の標準規格品を単一の作業により生産している場合に適用される総合原価計算をいいます。総合原価計算を適用する生産形態のなかでは、もっとも基本的なものであるため「純粋総合原価計算」とよぶこともあります。

完成品原価と月末仕掛品原価の計算

総合原価計算では、月初仕掛品原価と当月製造費用の合計を

完成品原価と月末仕掛品原価とに按分します。そして、完成品
原価を完成品量で割って、完成品単位原価を求めます。

この按分計算が
総合原価計算では重要です。

総合原価計算で
は、簡便的に製品
原価を計算するた
め、すべてを完成
品ベースの数量に
統一して原価を按
分します。
この方法を完成度
評価法（完成品換
算法）といいます。

完成品原価と月末仕掛品原価を計算するにあたっては、ま
ず、直接材料費と加工費のそれぞれの月末仕掛品について、完
成品換算量を求めます。

月末仕掛品の完成品換算量は次のように計算します。

月末仕掛品の完成品換算量＝月末仕掛品量×進捗度

ここで、月末仕掛品の進捗度は完成品に対する月末仕掛品の
原価負担割合を示し、始点投入の直接材料費の進捗度は常に
100%ですから材料消費量と同じになります。

これは、10kgの材料を使って木彫りの熊の置物を生産する
時、10kgをすべて始めに投入しているならば、仕掛品にも完
成品にも同じ10kgの材料が含まれているはずだからです。

始点投入の直接材
料費は進捗度
100%となるため、
仕掛品の完成品換
算量は、生産デー
タの数量と一致し
ます。

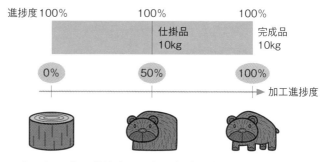

一方、加工費の進捗度は、加工作業の進み具合（これを加工
進捗度または加工費進捗度といいます）によって決定します。

インテリアの置物は完成までに10時間かかるところ、仕掛

品は5時間まで加工したのであれば、加工進捗度は50%となるため、加工費の進捗度は50%となります。

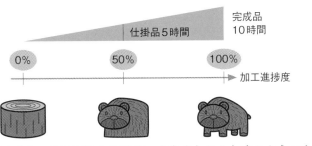

完成品
10時間

仕掛品5時間

0%　　　　　50%　　　　　100%

加工進捗度

> 加工費の進捗度は加工進捗度と一致するため、仕掛品量に加工進捗度をかけて完成品換算量を計算します。

　以上より、CASE54の生産データをまとめると次のようになります。

> 本テキストでは、完成品換算量に（　）をつけています。

CASE54の生産データの整理

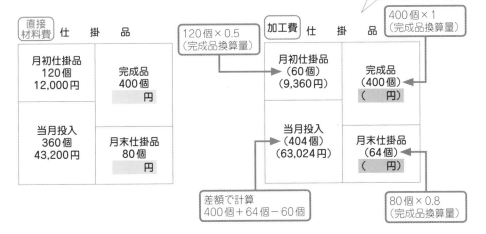

直接材料費	仕　　掛　　品	
月初仕掛品 120個 12,000円	完成品 400個 　　　　円
当月投入 360個 43,200円	月末仕掛品 80個 　　　　円

120個×0.5
（完成品換算量）

加工費	仕　　掛　　品	
月初仕掛品 （60個） （9,360円）	完成品 （400個） （　　円）
当月投入 （404個） （63,024円）	月末仕掛品 （64個） （　　円）

400個×1
（完成品換算量）

差額で計算
400個＋64個－60個

80個×0.8
（完成品換算量）

　次に、平均法によって完成品原価と月末仕掛品原価を計算します。

● 平均法（Average Method：AM）による原価按分

　平均法は、月初仕掛品の加工と当月投入分の加工を並行して平均的に進めると仮定し、月初仕掛品原価と当月製造費用の合計額を、完成品原価と月末仕掛品原価に按分する計算方法です。

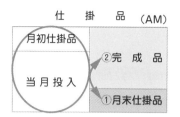

総合原価計算では
月末仕掛品原価を
計算してから差額
で完成品原価を計
算します。

したがって、CASE54の月末仕掛品原価、完成品原価、完成品単位原価は次のように計算されます。

CASE54の完成品原価等の計算

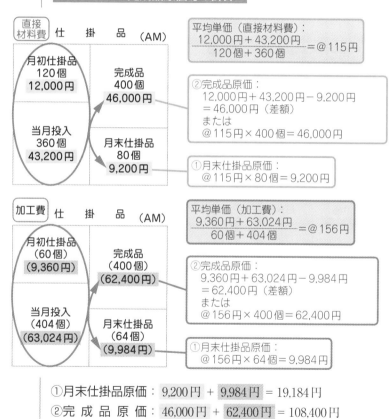

① 月末仕掛品原価： 9,200円 ＋ 9,984円 ＝ 19,184円

② 完 成 品 原 価： 46,000円 ＋ 62,400円 ＝ 108,400円

③ 完成品単位原価： $\dfrac{108,400円}{400個} ＝ @271円$

単純総合原価計算（先入先出法）

次は先入先出法！

CASE54について、先入先出法を用いたときの計算についてみていきましょう。

例 次の資料にもとづいて、先入先出法により月末仕掛品原価、完成品原価、完成品単位原価を計算しなさい。なお、直接材料は工程の始点で投入している。

生産データ		
月初仕掛品	120個	(0.5)
当月投入	360	
合計	480個	
月末仕掛品	80	(0.8)
完成品	400個	

製造原価データ
月初仕掛品原価
　直接材料費：12,000円
　加工費：9,360円
当月製造費用
　直接材料費：43,200円
　加工費：63,024円

(注)（　）内の数値は加工進捗度である。

先入先出法(First In First Out Method：Fifo)による原価按分

先入先出法は、まず月初仕掛品をすべて完成させてから、当月投入分の加工にかかると仮定して、完成品原価と月末仕掛品原価を計算する方法です。先入先出法では通常、月初仕掛品原価はすべて完成品原価に含まれることになるため、**月末仕掛品原価は当月製造費用のみから計算**されます。そこで先入先出法の場合、まず、当月投入データから月末仕掛品原価を計算し、そのあと差額で完成品原価を計算します。

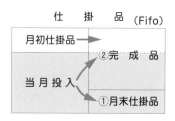

仕　掛　品 (Fifo)

月初仕掛品 →
　　　　　　②完　成　品
当　月　投　入
　　　　　　①月末仕掛品

　したがってCASE55の月末仕掛品原価、完成品原価、完成品単位原価は次のように計算されます。

CASE55の完成品原価等の計算

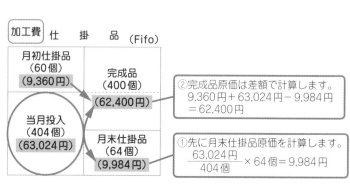

直接材料費 仕　掛　品 (Fifo)

| 月初仕掛品
120個
12,000円 | 完成品
400個
45,600円 |
| 当月投入
360個
43,200円 | 月末仕掛品
80個
9,600円 |

当月投入分360個のうち80個は月末に残っています。

②完成品原価は差額で計算します。
12,000円＋43,200円－9,600円
＝45,600円

①先に月末仕掛品原価を計算します。
$\dfrac{43,200円}{360個} \times 80個＝9,600円$

加工費 仕　掛　品 (Fifo)

| 月初仕掛品
(60個)
(9,360円) | 完成品
(400個)
(62,400円) |
| 当月投入
(404個)
(63,024円) | 月末仕掛品
(64個)
(9,984円) |

②完成品原価は差額で計算します。
9,360円＋63,024円－9,984円
＝62,400円

①先に月末仕掛品原価を計算します。
$\dfrac{63,024円}{404個} \times 64個＝9,984円$

①月末仕掛品原価：9,600円 ＋ 9,984円 ＝ 19,584円

②完成品原価：45,600円 ＋ 62,400円 ＝ 108,000円

③完成品単位原価：$\dfrac{108,000円}{400個}＝@270円$

⇔ 問題集 ⇔
問題39〜41

工程別総合原価計算（累加法）

| 切削工程 | 組立工程 |

本棚は2つの工程に
分けて作っていこう。

ゴエモン㈱では、切削
工程と組立工程を設け、
本棚の製造販売をしています。
このように複数の工程ごとに
原価を計算していく工程別総
合原価計算について、まずは
累加法の計算手続からみてい
きましょう。

例　当工場では本棚を製造・販売し、累加法による実際工程別総合原価
計算を採用している。本棚は第1工程と第2工程を経て完成する。
原料は、第1工程の始点においてのみ投入している。以下の資料に
もとづいて、各工程の月末仕掛品原価、完成品原価を求めなさい。

生産データ

	第 1 工 程	第 2 工 程
月初仕掛品	110個（1/2）	100個（3/4）
当 月 投 入	470	500
合　　計	580個	600個
月末仕掛品	80　（1/4）	70　（2/5）
完　成　品	500個	530個

（注1）　（　　）内の数値は加工進捗度である。
（注2）　各工程の完成品と月末仕掛品への原価配分は先入先出法を用いて行っている。

製造原価データ

	第 1 工 程		第 2 工 程	
	原 料 費	加 工 費	前工程費	加 工 費
月初仕掛品	208,500円	68,360円	321,000円	97,410円
当 月 投 入	940,000円	582,180円	？円	1,047,144円

工程別総合原価計算とは

この製造作業の区分のことを工程といいます。

CASE56の本棚のように、複数の作業を経て生産される場合で、作業区分ごとに製品の原価を計算する方法を工程別総合原価計算といいます。

この工程別総合原価計算は部門別計算を総合原価計算に適用したもので、その目的も部門別計算と同様となります。

```
工程別総合原価計算を行う目的
　①正確な製品原価を計算する
　②経営管理者に原価管理に有効な資料を提供する
```

工程別総合原価計算の分類

工程別総合原価計算は、工程別に集計する原価要素の範囲と原価の集計方法の違いによって次のように分類されます。

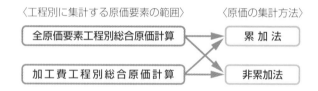

〈工程別に集計する原価要素の範囲〉　　〈原価の集計方法〉

全原価要素工程別総合原価計算　　　　累　加　法

加工費工程別総合原価計算　　　　　　非累加法

累加法とは

累加法とは、工程ごとに単純総合原価計算を行って完成品原価を計算し、それを前工程費として次工程に振り替えることにより、工程の数だけ原価を順次積み上げて最終完成品原価を計算する工程別計算の方法をいいます。

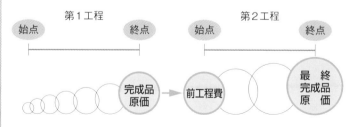

なお、**前工程費**は、工程始点で投入される原材料と同様といえるため、**数量比で完成品と月末仕掛品に按分**します。

　また、**累加法では、工程という作業区分ごとに完成品原価を計算するため、仕掛品勘定は工程単位で設定**されます。

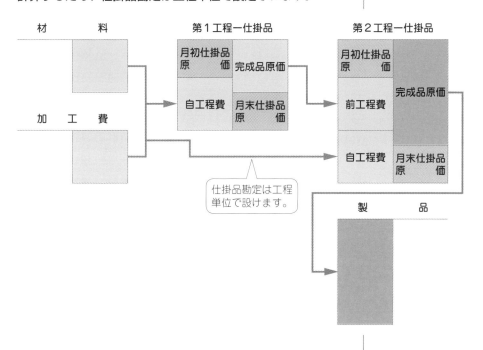

以上より、CASE56の計算は次のようになります。

CASE56の第1工程の完成品原価等の計算

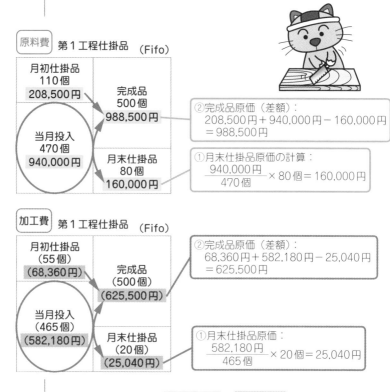

原料費 第1工程仕掛品 （Fifo）

| 月初仕掛品
110個
208,500円 | 完成品
500個
988,500円 |
| 当月投入
470個
940,000円 | 月末仕掛品
80個
160,000円 |

②完成品原価（差額）：
208,500円＋940,000円－160,000円
＝988,500円

①月末仕掛品原価の計算：
$\dfrac{940,000円}{470個} \times 80個 = 160,000円$

加工費 第1工程仕掛品 （Fifo）

| 月初仕掛品
（55個）
（68,360円） | 完成品
（500個）
（625,500円） |
| 当月投入
（465個）
（582,180円） | 月末仕掛品
（20個）
（25,040円） |

②完成品原価（差額）：
68,360円＋582,180円－25,040円
＝625,500円

①月末仕掛品原価：
$\dfrac{582,180円}{465個} \times 20個 = 25,040円$

①月末仕掛品原価： 160,000円 ＋ 25,040円 ＝ 185,040円
②完 成 品 原 価： 988,500円 ＋ 625,500円 ＝ 1,614,000円

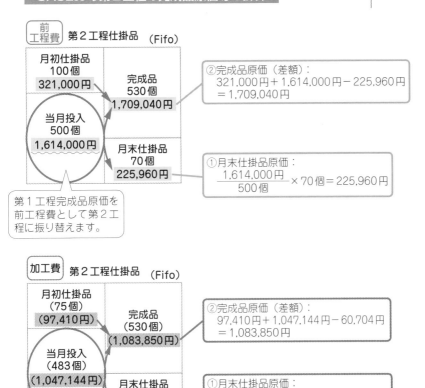

①月末仕掛品原価： 225,960円 + 60,704円 = 286,664円
②完成品原価： 1,709,040円 + 1,083,850円 = 2,792,890円

また、CASE56の仕掛品勘定の記入は次のようになります。

第1工程 – 仕掛品　　　　（単位：円）

月初仕掛品原価	276,860	第2工程 – 仕掛品	1,614,000
原　料　費	940,000	月末仕掛品原価	185,040
加　工　費	582,180		
	1,799,040		1,799,040

第2工程 – 仕掛品　　　　（単位：円）

月初仕掛品原価	418,410	製　　　品	2,792,890
第1工程 – 仕掛品	1,614,000	月末仕掛品原価	286,664
加　工　費	1,047,144		
	3,079,554		3,079,554

注意　累加法では仕掛品勘定が工程ごとに設定され、前工程の
コストに自工程のコストを積み上げていくことで最終完
成品原価を計算します。

⇔ 問題集 ⇔
問題42

工程別総合原価計算（非累加法①
累加法と計算結果が一致する方法）

フーン…

非累加法によると
コストの内訳が
わかるのかぁ。

ネコでもわかる
原価計算

CASE56の累加法では実際の作業工程にそって計算し、完成品原価を計算しましたが、最終完成品原価の内訳がわかりません。そこで最終完成品の中に、どの工程で生じたコストがいくら含まれているのか内訳がわかるようにするためにはどうすればよいのでしょうか？

例 当社では本棚を製造販売し、非累加法（累加法と計算結果が一致する方法）による実際工程別総合原価計算を採用している。本棚は第1工程と第2工程を経て完成する。原料は、第1工程の始点においてのみ投入している。以下の資料にもとづいて仕掛品勘定を記入しなさい。

生 産 デ ー タ

	第 1 工 程	第 2 工 程
月初仕掛品	110個(1/2)	100個(3/4)
当 月 投 入	470	500
合　　計	580個	600個
月末仕掛品	80　(1/4)	70　(2/5)
完 成 品	500個	530個

（注1）　（　）内の数値は加工進捗度である。
（注2）　各工程の完成品と月末仕掛品への原価配分は先入先出法を用いて行っている。

製造原価データ

	第 1 工 程		第 2 工 程		
	原料費	加工費	原料費	加工費 （第1工程）	加工費 （第2工程）
月初仕掛品	208,500円	68,360円	210,000円	111,000円	97,410円
当 月 投 入	940,000円	582,180円	？円	？円	1,047,144円

● 非累加法とは

　非累加法とは、工程別計算を工夫することにより、完成品原価や仕掛品原価のなかにどの工程で生じたコストがいくら含まれているか、その内訳がわかるように原価の集計を行う工程別計算の方法をいいます。

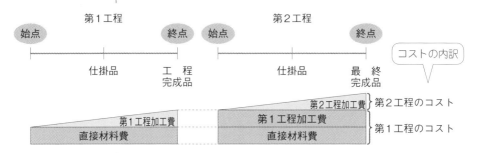

　また、非累加法の勘定連絡は、コストの内訳がわかるように原価の集計を行うため作業の区分ではなく、コストの区分（**工程費**といいます）**にもとづいて仕掛品勘定を設定していきます。**

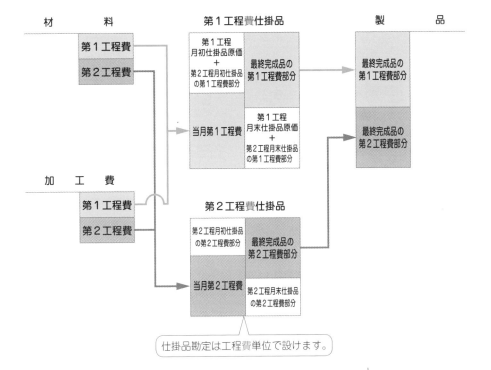

非累加法の計算方法

　非累加法は原価の集計方法を工夫した工程別計算ですが、完成品原価や月末仕掛品原価など金額の算定方法として**①累加法と計算結果が一致する方法**と**②通常の非累加法**の2つがあります。

累加法と計算結果が一致する方法

　累加法と計算結果が一致する方法とは、CASE56の累加法と同じく、作業の区分ごとに単純総合原価計算を繰り返して行いますが、各工程費を独立させたまま計算を行うことにより、完成品、月末仕掛品の各工程費を算定する方法をいいます。

　つまり、**計算はCASE56の累加法と同じですが、原価の集計方法（＝勘定への記入方法）だけが異なる方法**といえます。

　以上より、CASE57の計算は次のようになります。

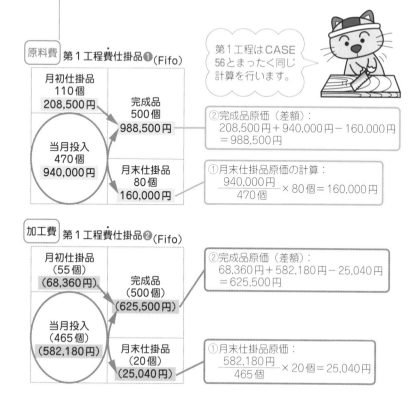

CASE57の第1工程の完成品原価等の計算

原料費　第1工程費仕掛品❶(Fifo)

| 月初仕掛品
110個
208,500円 | 完成品
500個
988,500円 |
| 当月投入
470個
940,000円 | 月末仕掛品
80個
160,000円 |

第1工程はCASE56とまったく同じ計算を行います。

②完成品原価（差額）：
208,500円＋940,000円－160,000円
＝988,500円

①月末仕掛品原価の計算：
$\dfrac{940,000円}{470個} \times 80個 ＝ 160,000円$

加工費　第1工程費仕掛品❷(Fifo)

| 月初仕掛品
（55個）
（68,360円） | 完成品
（500個）
（625,500円） |
| 当月投入
（465個）
（582,180円） | 月末仕掛品
（20個）
（25,040円） |

②完成品原価（差額）：
68,360円＋582,180円－25,040円
＝625,500円

①月末仕掛品原価：
$\dfrac{582,180円}{465個} \times 20個 ＝ 25,040円$

CASE57の第2工程の完成品原価等の計算

　CASE56の累加法では第1工程の完成品原価を前工程費として計算しましたが、CASE57の非累加法では前工程費としてまとめずに、第1工程費（原料費）と第1工程費（加工費）に分けて計算していきます。

前工程費

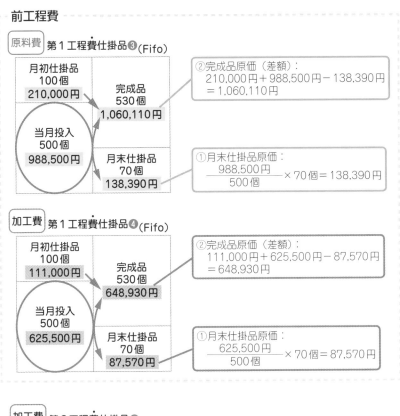

原料費 **第1工程費仕掛品❸** (Fifo)

月初仕掛品 100個 210,000円	完成品 530個 1,060,110円
当月投入 500個 988,500円	月末仕掛品 70個 138,390円

②完成品原価（差額）:
210,000円＋988,500円−138,390円
＝1,060,110円

①月末仕掛品原価:
$\dfrac{988,500円}{500個} \times 70個 = 138,390円$

加工費 **第1工程費仕掛品❹** (Fifo)

月初仕掛品 100個 111,000円	完成品 530個 648,930円
当月投入 500個 625,500円	月末仕掛品 70個 87,570円

②完成品原価（差額）:
111,000円＋625,500円−87,570円
＝648,930円

①月末仕掛品原価:
$\dfrac{625,500円}{500個} \times 70個 = 87,570円$

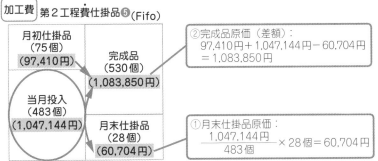

加工費 **第2工程費仕掛品❺** (Fifo)

月初仕掛品 （75個） （97,410円）	完成品 （530個） （1,083,850円）
当月投入 （483個） （1,047,144円）	月末仕掛品 （28個） （60,704円）

②完成品原価（差額）:
97,410円＋1,047,144円−60,704円
＝1,083,850円

①月末仕掛品原価:
$\dfrac{1,047,144円}{483個} \times 28個 = 60,704円$

以上の計算から完成品や仕掛品の原価をコストの区分にもとづいて集計します。

その際、第1工程費（原価ボックスの❶❷❸❹）は「第1工程費－仕掛品」勘定へ集計し、第2工程費（原価ボックスの❺）は「第2工程費－仕掛品」勘定へ集計します。

CASE57の仕掛品勘定への記入

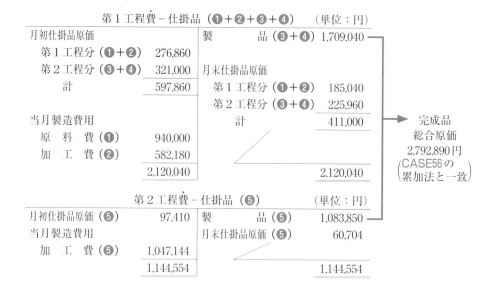

第1工程費－仕掛品（❶＋❷＋❸＋❹）　（単位：円）

月初仕掛品原価		製　　　品（❸＋❹）	1,709,040
第1工程分（❶＋❷）	276,860		
第2工程分（❸＋❹）	321,000	月末仕掛品原価	
計	597,860	第1工程分（❶＋❷）	185,040
		第2工程分（❸＋❹）	225,960
		計	411,000
当月製造費用			
原　料　費（❶）	940,000		
加　工　費（❷）	582,180		
	2,120,040		2,120,040

完成品
総合原価
2,792,890円
（CASE56の
累加法と一致）

第2工程費－仕掛品（❺）　（単位：円）

月初仕掛品原価（❺）	97,410	製　　　品（❺）	1,083,850
当月製造費用		月末仕掛品原価（❺）	60,704
加　工　費（❺）	1,047,144		
	1,144,554		1,144,554

工程別総合原価計算（非累加法②通常の非累加法）

次は通常の非累加法だね。

非累加法には、CASE57の「累加法と計算結果が一致する方法」のほかに通常の非累加法があるみたい。どのように計算・集計していくのでしょうか？

例 当工場では本棚を製造販売し、通常の非累加法による実際工程別総合原価計算を採用している。本棚は第1工程と第2工程を経て完成する。原料は、第1工程の始点においてのみ投入している。以下の資料にもとづいて仕掛品勘定を記入しなさい。

生産データ

	第 1 工 程	第 2 工 程
月初仕掛品	110個(1/2)	100個(3/4)
当月投入	470	500
合　計	580個	600個
月末仕掛品	80　(1/4)	70　(2/5)
完成品	500個	530個

(注1) （　）内の数値は加工進捗度である。
(注2) 各工程の完成品と月末仕掛品への原価配分は先入先出法を用いて行っている。

製造原価データ

	第 1 工 程		第 2 工 程		
	原料費	加工費	原料費	加工費 (第1工程)	加工費 (第2工程)
月初仕掛品	208,500円	68,360円	210,000円	111,000円	97,410円
当月投入	940,000円	582,180円	?円	?円	1,047,144円

● 通常の非累加法

通常の非累加法とは、複数の工程を単一の工程とみなすことにより、その単一工程のなかに複数の仕掛品が存在すると考えて、工程費ごとに最終完成品をダイレクトに計算する方法をいいます。

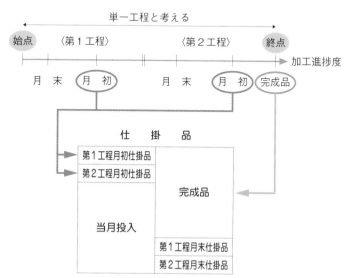

この「通常の非累加法」は工程ごとに段階をふんで計算を行わないので、CASE57の「累加法と計算結果が一致する方法」とは異なった計算結果となります。

CASE58の第1工程費の計算

通常の非累加法では、1つの工程とみなして計算するので、2つの原価ボックスを合算して原価ボックスを作ります。

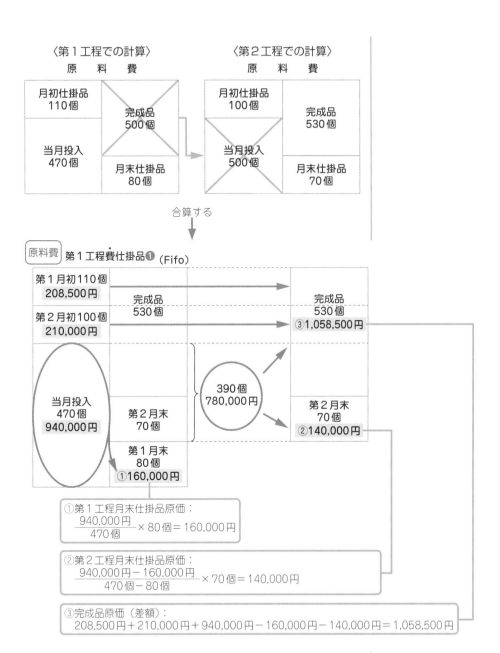

〈第1工程での計算〉　　　〈第2工程での計算〉

原　料　費　　　　　　原　料　費

| 月初仕掛品 110個 | 完成品 500個 | 月初仕掛品 100個 | 完成品 530個 |
| 当月投入 470個 | 月末仕掛品 80個 | 当月投入 500個 | 月末仕掛品 70個 |

合算する

原料費 第1工程費仕掛品❶（Fifo）

第1月初110個 208,500円	完成品 530個	完成品 530個 ③1,058,500円
第2月初100個 210,000円		
当月投入 470個 940,000円	第2月末 70個	390個 780,000円	第2月末 70個 ②140,000円
	第1月末 80個 ①160,000円	

①第1工程月末仕掛品原価：
$$\frac{940,000円}{470個}×80個＝160,000円$$

②第2工程月末仕掛品原価：
$$\frac{940,000円－160,000円}{470個－80個}×70個＝140,000円$$

③完成品原価（差額）：
208,500円＋210,000円＋940,000円－160,000円－140,000円＝1,058,500円

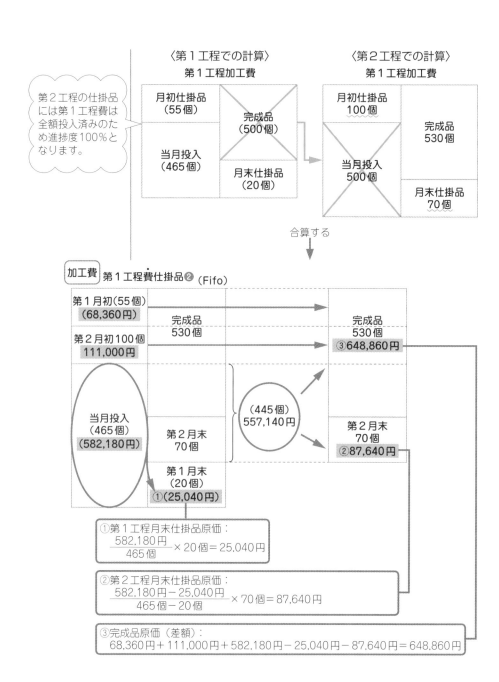

第2工程費の計算は、CASE57の「累加法と計算結果が一致する方法」と同じになります。

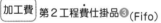

> 第1工程の仕掛品には、第2工程費は投入されていないので、第2工程費仕掛品のボックスに「第1月初」や「第1月末」は出てきません。

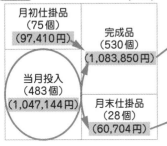

②完成品原価（差額）：
　97,410円＋1,047,144円－60,704円
　＝1,083,850円

①月末仕掛品原価：
　$\dfrac{1,047,144円}{483個} \times 28個 = 60,704円$

以上の計算から完成品や仕掛品の原価をコストの区分にもとづいて集計します。

その際、第1工程費（原価ボックスの❶❷）は「第1工程費－仕掛品」勘定へ集計し、第2工程費（原価ボックスの❸）は「第2工程費－仕掛品」勘定へ集計します。

第1工程費－仕掛品（❶＋❷）　　　　（単位：円）

月初仕掛品原価		製　　品（❶＋❷）	1,707,360
第1工程分（❶＋❷）	276,860		
第2工程分（❶＋❷）	321,000	月末仕掛品原価	
計	597,860	第1工程分（❶＋❷）	185,040
		第2工程分（❶＋❷）	227,640
当月製造費用		計	412,680
原　料　費（❶）	940,000		
加　工　費（❷）	582,180		
	2,120,040		2,120,040

第2工程費－仕掛品（❸）　　　　（単位：円）

月初仕掛品原価（❸）	97,410	製　　品（❸）	1,083,850
当月製造費用		月末仕掛品原価（❸）	60,704
加　工　費（❸）	1,047,144		
	1,144,554		1,144,554

組別総合原価計算

組別に原価を集計…ね。

A組

B組

ゴエモン㈱では1つの工程で、引き戸をA組製品、障子をB組製品として、組別総合原価計算を行っています。

組別総合原価計算は、組間接費の配賦がポイントです。

例 次の資料にもとづいて、平均法により各組製品の完成品原価を計算しなさい。なお、組間接費は直接作業時間により実際配賦する。

生　産　デ　ー　タ

	A 組 製 品	B 組 製 品
月 初 仕 掛 品	100個(0.8)	100個(0.6)
当 月 投 入	380	150
合　　　計	480個	250個
月 末 仕 掛 品	80　(0.5)	50　(0.8)
完　成　品	400個	200個
直 接 作 業 時 間	60時間	40時間

(注)（　　）内の数値は加工進捗度である。

製造原価データ

		A 組 製 品	B 組 製 品
月初仕掛品：直接材料費		11,860円	13,700円
加　工　費		13,880円	13,480円
当 月 投 入：直接材料費		50,540円	21,300円
加　工　費	組直接費	26,000円	17,000円
	組間接費	45,000円	

(注)　直接材料は工程の始点で投入している。

組別総合原価計算とは

1つの製造ラインで、引き戸と障子のように種類の違う製品を大量に生産する場合に用いられる総合原価計算を、組別総合原価計算といいます。

組別の「組」とは製品種類という意味です。

組別総合原価計算の計算方法

引き戸（A組製品）と障子（B組製品）は異なる種類の製品であるため、各組製品別に完成品原価、月末仕掛品原価を計算します。

具体的には、以下の手続きで原価按分します。

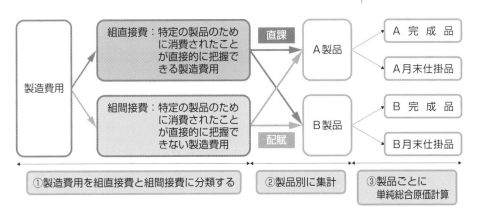

したがって、CASE59においては、まず組間接費について直接作業時間を基準として各組製品に配賦してから、あとはA、B組製品ごとにCASE54、55で学習した単一工程単純総合原価計算と同じ手順で完成品原価等を計算します。

CASE59 の組間接費の配賦

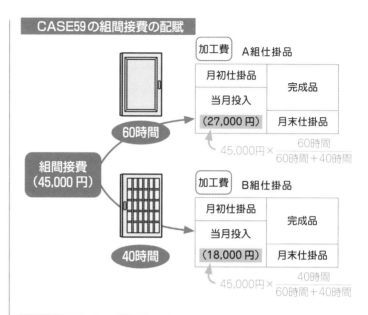

CASE59 の A 組製品の完成品原価等の計算

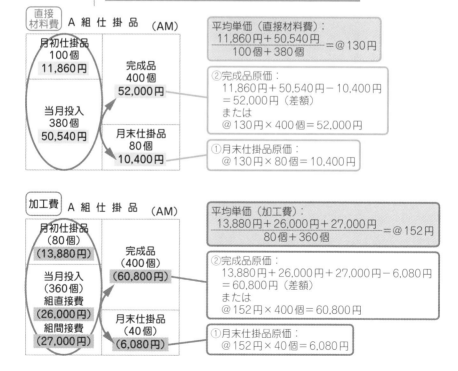

①月末仕掛品原価： 10,400円 ＋ 6,080円 ＝ 16,480円

②完 成 品 原 価： 52,000円 ＋ 60,800円 ＝ 112,800円

③完成品単位原価： $\dfrac{112,800 円}{400 個}$ ＝＠282円

CASE59のB組製品の完成品原価等の計算

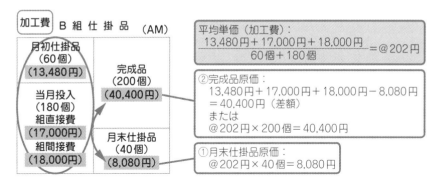

①月末仕掛品原価： 7,000円 ＋ 8,080円 ＝ 15,080円

②完 成 品 原 価： 28,000円 ＋ 40,400円 ＝ 68,400円

③完成品単位原価： $\dfrac{68,400 円}{200 個}$ ＝＠342円

⊖ 問題集 ⊖
問題43

CASE 60

単純総合原価計算に近い
等級別総合原価計算

この場合、どう計算
するの？

Lサイズ

Mサイズ

ゴエモン㈱で製造して
いるインテリアの置物
は、LサイズとMサイズの2
種類があります。
サイズの異なる等級製品の原
価計算については、違う計算
方法もあるみたい。

例 次の資料にもとづいて、平均法により各等級製品の完成品原価、
完成品単位原価を計算しなさい。なお、材料は工程の始点で投入
している。

生 産 デ ー タ			製造原価データ
月 初 仕 掛 品	100個	(0.8)	月初仕掛品原価
当 月 投 入	1,100		直 接 材 料 費： 15,200円
合 計	1,200個		加 工 費： 18,080円
月 末 仕 掛 品	200	(0.6)	当月製造費用
完 成 品	1,000個		直 接 材 料 費：140,800円
			加 工 費：205,920円

(注1) （ ）内の数値は加工進捗度である。
(注2) 完成品のうち、Lサイズは600個、Mサイズは400個である。
(注3) 等価係数はLサイズ1、Mサイズ0.5である。

ここに注目！
この資料から等価係数をどのタイミングで使用すべきかを
読み取ります。

● 等級別総合原価計算とは

　LサイズとMサイズのインテリアの置物のように、同じ種類
の製品でサイズが異なる製品（等級製品といいます）を同一工

程で大量に生産する場合に用いられる総合原価計算を、等級別総合原価計算といいます。

LサイズとMサイズでは、同じインテリアの置物ですが、同じ製品でもサイズが異なるため原価も異なります。したがって正確にそれぞれの原価を計算するには、CASE59で学習した組別総合原価計算を用いればよいのですが、等級製品は同じ種類の製品であり、ただサイズが異なるだけなので、等価係数を利用して、より簡便的に製品の原価を計算していきます。

● 等価係数と積数

等価係数とは、等級製品のいずれかを基準として、基準製品1単位あたりの原価を1とした場合に、ほかの等級製品1単位あたりの原価の割合を1に対する数値で表したものをいいます。

なお、この等価係数の設定方法には、(1)直接材料費、加工費の原価要素別に区別しない方法と、(2)原価要素別に区別する方法の2つがあります。

CASE60では（注3）より、(1)の方法であり、単純総合原価計算に近い等級別計算であることが読み取れます。

また、積数とは各等級製品の生産量に等価係数を掛けた数値のことをいい、各等級製品の生産量を基準製品の生産量に換算したものをいいます。

> 積数…各等級製品の基準製品への換算量
> 各等級製品の生産量×等価係数

等級別総合原価計算では、等価係数をそのまま使って原価を按分するのではなく、等価係数を利用して算出した積数を使って原価を按分していくことに注意してください。

● 単純総合原価計算に近い等級別総合原価計算

単純総合原価計算に近い等級別総合原価計算では、まず単純総合原価計算と同様に、完成品原価を計算します。

その後で、完成品量に等価係数を乗じた積数の比で完成品原価を一括して各等級製品に按分します。この方法は、**原価要素別に区別されない等価係数と結びつく計算方法**であり、簡便性を重視した方法です。

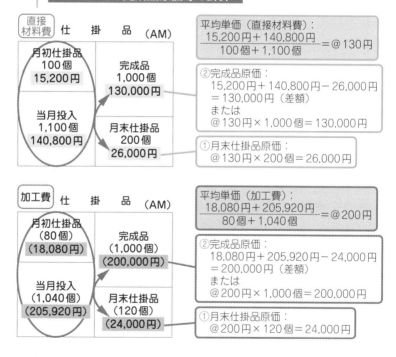

したがって、まずは単純総合原価計算と同様に完成品原価を計算します。

CASE60の完成品原価等の計算

①月末仕掛品原価： 26,000円 + 24,000円 = 50,000円

②完 成 品 原 価： 130,000円 + 200,000円 = 330,000円

完成品原価を計算したら、各等級製品の完成品数量に等価係数を掛けた積数で完成品原価を按分します。

- L サイズ：$600\,個 \times 1 = 600\,個$
- M サイズ：$400\,個 \times 0.5 = 200\,個$

CASE60の各等級製品の完成品原価

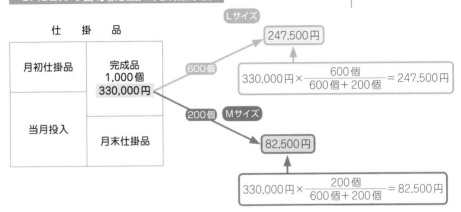

- L サイズ：$330,000\,円 \times \dfrac{600\,個}{600\,個 + 200\,個} = 247,500\,円$

- M サイズ：$330,000\,円 \times \dfrac{200\,個}{600\,個 + 200\,個} = 82,500\,円$

　最後は、完成品原価を各等級製品の数量で割って完成品単位原価を計算します。

> 積数で割らないように注意してください。

CASE60の各等級製品の完成品単位原価

- L サイズ：$\dfrac{247,500\,円}{600\,個} = @\,412.5\,円$

- M サイズ：$\dfrac{82,500\,円}{400\,個} = @\,206.25\,円$

⇔ 問題集 ⇔
問題44

組別総合原価計算に近い等級別総合原価計算

さて、
どう計算しよう?

Lサイズ

Mサイズ

直接材料費　1：0.8
加 工 費　1：0.6

CASE60は等価係数が原価要素ごとに分けられていなかったけど、等価係数が原価要素ごとに分けられている場合はどのように計算していくのでしょうか。
まずは組別総合原価計算に近い方法からみていきましょう。

例 次の資料にもとづいて、平均法により各等級製品の月末仕掛品原価、完成品原価、完成品単位原価を計算しなさい。なお、材料は工程の始点で投入している。

生産データ

	Lサイズ	Mサイズ
月 初 仕 掛 品	60個(1/2)	30個(1/3)
当 月 投 入	540	370
合　　　計	600個	400個
月 末 仕 掛 品	100　(3/10)	50　(3/5)
完　成　品	500個	350個

製造原価データ

	Lサイズ	Mサイズ	合　　計
月 初 仕 掛 品			
直 接 材 料 費	76,080円	35,440円	111,520円
加　工　費	96,850円	30,960円	127,810円
当 月 投 入			
直 接 材 料 費	——	——	1,036,640円
加　工　費	——	——	1,119,100円

<table>
<tr><td></td><td colspan="2" align="center">等価係数データ</td></tr>
<tr><td></td><td align="center">Lサイズ</td><td align="center">Mサイズ</td></tr>
<tr><td>直 接 材 料 費</td><td align="center">1</td><td align="center">0.8</td></tr>
<tr><td>加　　工　　費</td><td align="center">1</td><td align="center">0.6</td></tr>
</table>

（注1）　（　　）内の数値は加工進捗度である。
（注2）　等価係数は直接材料費と加工費とを区別して、当月製造費用を等級製品に
　　　　按分する際に使用している。

ここに注目！
この資料からどのタイミングで等価係数を使用すべきかを
読み取ります。

● 組別総合原価計算に近い等級別総合原価計算とは

　組別総合原価計算に近い等級別総合原価計算とは、当月製造
費用を各等級製品に按分し、あとは各等級製品ごとに完成品原
価と月末仕掛品原価を計算する方法をいいます。

　その際、**当月製造費用は各等級製品の原価投入量に等価係数
を掛けた積数の比で按分します**。この方法は直接材料費と加工
費の原価要素別に区別された等価係数と結びつく計算であり、
正確性を重視した計算方法です。

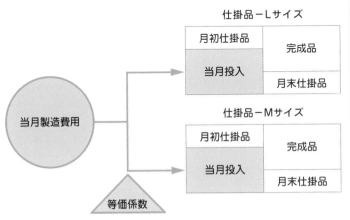

●Lサイズとmサイズの計算

CASE61の等価係数は原価要素別に算定されており、資料（注2）に「等価係数は…当月製造費用を等級製品に按分する際に使用している」とあることから、各等級製品の原価要素別の投入量に等価係数を掛けた積数の比により当月製造費用を按分する「組別総合原価計算に近い等級別計算」を行うことになります。

この方法では当月製造費用を積数按分してから、各製品ごとに原価按分していくので、まず当月製造費用の按分を行います。

試験では「組別総合原価計算に近い等級別計算を行いなさい」と直接的に問われることはありませんので、問題文から計算方法を読みとれるようにしておこう‼

CASE61の当月製造費用の按分

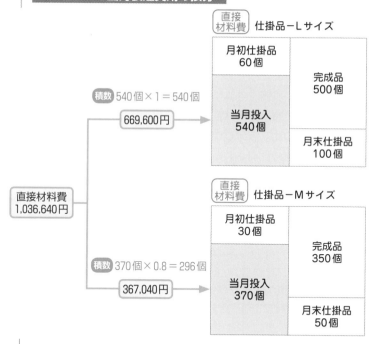

・Lサイズ：$\dfrac{1,036,640\,円}{\underset{\text{Mサイズ 296個}}{540\,個 + 370\,個 \times 0.8}} \times 540\,個 = 669,600\,円$

・Mサイズ：$\dfrac{1,036,640\,円}{540\,個 + 370\,個 \times 0.8} \times 296\,個 = 367,040\,円$

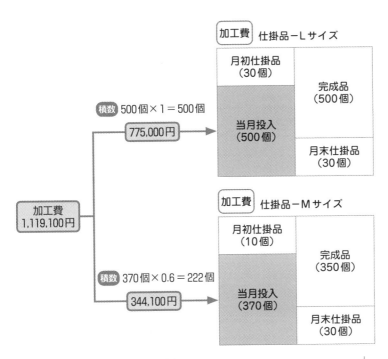

・Lサイズ： $\dfrac{1{,}119{,}100\,円}{\underset{\underbrace{500\,個 + 370\,個 \times 0.6}_{M\,サイズ\,222\,個}}{}} \times 500\,個 = 775{,}000\,円$

・Mサイズ： $\dfrac{1{,}119{,}100\,円}{500\,個 + 370\,個 \times 0.6} \times 222\,個 = 344{,}100\,円$

　当月製造費用が各等級製品ごとに按分できたら、あとは各等級製品ごとに平均法により完成品原価、月末仕掛品原価を計算します。

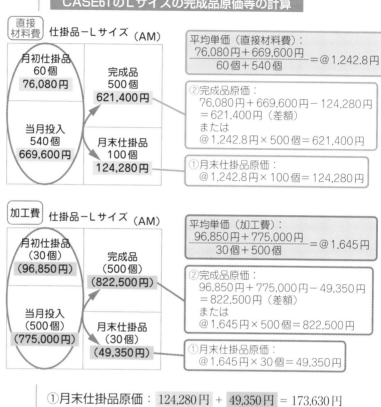

①月末仕掛品原価： 124,280円 ＋ 49,350円 ＝ 173,630円

②完成品原価： 621,400円 ＋ 822,500円 ＝ 1,443,900円

③完成品単位原価： $\dfrac{1,443,900円}{500個}$ ＝ @2,887.8円

CASE61のMサイズの完成品原価等の計算

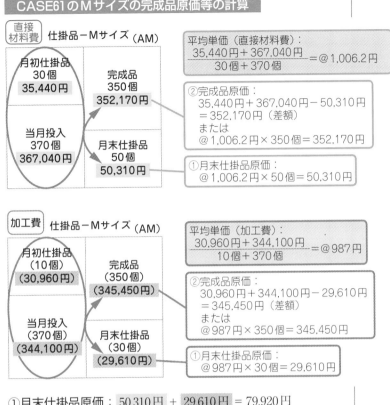

直接材料費 仕掛品－Mサイズ (AM)

月初仕掛品 30個 35,440円	完成品 350個 352,170円
当月投入 370個 367,040円	月末仕掛品 50個 50,310円

平均単価（直接材料費）：
$$\frac{35,440円＋367,040円}{30個＋370個}＝@1,006.2円$$

②完成品原価：
35,440円＋367,040円－50,310円
＝352,170円（差額）
または
@1,006.2円×350個＝352,170円

①月末仕掛品原価：
@1,006.2円×50個＝50,310円

加工費 仕掛品－Mサイズ (AM)

月初仕掛品 （10個） （30,960円）	完成品 （350個） （345,450円）
当月投入 （370個） （344,100円）	月末仕掛品 （30個） （29,610円）

平均単価（加工費）：
$$\frac{30,960円＋344,100円}{10個＋370個}＝@987円$$

②完成品原価：
30,960円＋344,100円－29,610円
＝345,450円（差額）
または
@987円×350個＝345,450円

①月末仕掛品原価：
@987円×30個＝29,610円

①月末仕掛品原価： 50,310円 ＋ 29,610円 ＝ 79,920円

②完 成 品 原 価： 352,170円 ＋ 345,450円 ＝ 697,620円

③完成品単位原価： $\dfrac{697,620円}{350個}＝@1,993.2円$

⇔ 問題集 ⇔
問題45、46

物量基準と市価基準

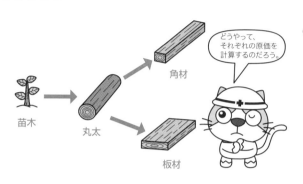

苗木

丸太

角材

板材

どうやって、それぞれの原価を計算するのだろう。

ゴエモン㈱では、所有する山林で立ち木を管理育成し、角材や板材、ウッドチップなどを販売することになりました。そこで苗木を購入し、育て、伐採したあとでさまざまな加工を施したのですが…。これらの原価はどのように計算すればよいのでしょうか。

例 ゴエモン㈱では、苗木を購入し、立ち木に育てたあと、連産品として角材と板材を切り出し販売している。

当月の生産計画および予想されるコスト、市場価格は次のとおりである。なお、月初・月末の仕掛品および製品は存在しないものとする。

［資　料］

1. 分離点における生産量と単位あたり市場価格

	生産量	単位あたり市場価格
角　材	2,000kg	450円
板　材	4,000kg	225円

2. 分離点までの製造原価

	金　額
分離点までの製造原価	1,350,000円

上記の資料にもとづいて、次の各問に答えなさい。

［問1］物量（質量）を基準に連結原価を配賦した場合の、各製品の単位あたりの製造原価と製品別の売上総利益を計算しなさい。

［問2］市価を基準に連結原価を配賦した場合の、各製品の単位あたりの製造原価と製品別の売上総利益を計算しなさい。

連産品とは

　苗木を立ち木にまで育て、伐採・加工することによりできあがる角材・板材などのように、いずれも経済価値が高く、主・副の区別をつけることができない異なる種類の製品が必然的に産出される製品を連産品といいます。連産品の例としては、原油から精製されるナフサ・ガソリン・軽油・重油などがあります。

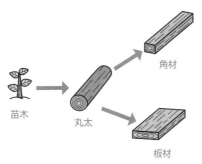

角材

苗木　　　　丸太

板材

> 1つの原料から連なって生産される製品ということだね。

連結原価

　苗木を購入し、育てて伐採し、角材や板材にするための加工を施すという、一連の連産品を生産する工程を連産品工程といい、その終点で各連産品に分けられます。この終点のことを分離点といい、分離点以前（これを連産品工程といいます）において発生する原価のことを連結原価といいます。

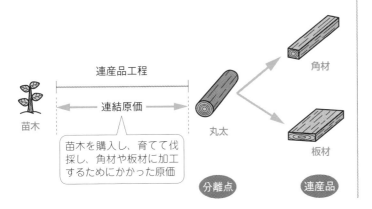

連産品工程

連結原価

苗木　　　　　　　丸太

角材

板材

苗木を購入し、育てて伐採し、角材や板材に加工するためにかかった原価

分離点　　連産品

連結原価の配分方法

　各連産品の製造原価を算定するためには連結原価を配分する必要があります。その方法には一般的に次の2つがあります。

> ①物量基準…各連産品の生産量などを基準として按分する方法で、この方法によるとすべての連産品の単位原価は等しくなります。
>
> ②市価基準…各連産品の正常市価による売却価額を基準として按分する方法であり、正常市価とは、各連産品の市価を長期平均的に見積った値をいいます。この方法によると各連産品の売上総利益率は等しくなります。

　まずは、①物量基準からみていきましょう。

　物量基準は、分離点における各連産品の物量数値（CASE62では質量）によって連結原価を配賦します。

CASE62 ［問1］ 物量基準による配賦計算

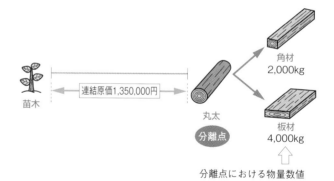

分離点における物量数値

CASE62 ［問1］ 連結原価の配賦

角材への配賦額：$\dfrac{1{,}350{,}000 \text{円}}{2{,}000\text{kg} + 4{,}000\text{kg}} \times 2{,}000\text{kg} = 450{,}000 \text{円}$

板材への配賦額：$\dfrac{1{,}350{,}000 \text{円}}{2{,}000\text{kg} + 4{,}000\text{kg}} \times 4{,}000\text{kg} = 900{,}000 \text{円}$

CASE62 [問1] 製品単位あたりの製造原価

角材：450,000円 ÷ 2,000kg = @ 225円
板材：900,000円 ÷ 4,000kg = @ 225円

物量基準では、連産品の単位原価は等しくなります。

CASE62 [問1] 売上総利益

	角 材	板 材	合 計
売 上 高	900,000円	900,000円	1,800,000円
売 上 原 価			
連 結 原 価	450,000円	900,000円	1,350,000円
売 上 総 利 益	450,000円	0円	450,000円
（売上総利益率）	（50%）	（0%）	（25%）

　ここで売上総利益率（＝売上総利益÷売上高）を計算してみると、角材は50%、板材は0%となり、板材はまったく収益性のない製品であるかのようにみえます。

　しかし、連産品は、特定の製品を選んで生産することができないため、各製品間の収益性が異なってしまうような配賦計算は望ましくありません。

　そこで、次に各連産品の売上総利益率が等しくなる②市価基準による配賦をみていきましょう。

　市価基準では、各連産品の正常市価に生産量を掛けた売却価額によって連結原価を配賦します。

CASE62 [問2] 市価基準による配賦計算

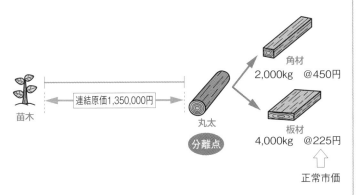

CASE62 [問2] 売却価額

角材：@450円 × 2,000kg = 900,000円

板材：@225円 × 4,000kg = 900,000円

CASE62 [問2] 連結原価の配賦

角材への配賦額： $\dfrac{1,350,000円}{900,000円 + 900,000円} \times 900,000円$

$= 675,000円$

板材への配賦額： $\dfrac{1,350,000円}{900,000円 + 900,000円} \times 900,000円$

$= 675,000円$

CASE62 [問2] 製品単位あたりの製造原価

角材：675,000円 ÷ 2,000kg = @337.5円

板材：675,000円 ÷ 4,000kg = @168.75円

CASE62 [問2] 売上総利益

	角 材	板 材	合 計
売 上 高	900,000円	900,000円	1,800,000円
売 上 原 価			
連 結 原 価	675,000円	675,000円	1,350,000円
売 上 総 利 益	225,000円	225,000円	450,000円
（売上総利益率）	（25%）	（25%）	（25%）

この方法では、すべての製品の
売上総利益率は等しくなります。

副産物の処理

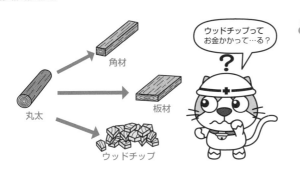

角材

板材

丸太

ウッドチップ

ウッドチップって
お金かかって…る？

？

ゴエモン㈱では、角材
と板材を生産する過程
で産出されるウッドチップ（端
材）も販売することにしまし
た。しかし、ウッドチップ（端
材）は角材や板材を作る過程
でできてしまうもので、作ろ
うと思って作っているもので
はありません。このウッドチッ
プの原価はどのように処理す
ればよいのでしょうか。

例　ゴエモン㈱では、材木を主製品として量産を行っており、材木の
生産工程では必ずウッドチップ（副産物）が生じている。

次のデータにもとづいて、主製品の完成品原価と月末仕掛品原価、
および副産物評価額を計算しなさい。

1. 生産データ

月 初 仕 掛 品	80kg	（加工進捗度40%）
当 月 投 入	400	
合 計	480kg	
月 末 仕 掛 品	60	（加工進捗度50%）
副 産 物	20	（工程の終点で発生）
完 成 品	400kg	

2. 原価データ

	直接材料費	加 工 費
月 初 仕 掛 品	35,200円	17,400円
当 月 投 入	176,000	216,600
合 計	211,200円	234,000円

● 副産物とは

　ゴエモン㈱では、丸太を加工して角材・板材を製造する過程でウッドチップも産出されるため、これを販売することになりました。しかし、角材・板材と比べるとウッドチップの売却価値は低いものとなります。このように、主製品の製造過程から必ず生産される物品で、主製品と比較して売却価値が低いものを副産物といいます。

> 副産物に類似したものに作業屑があります。これは、製造によって発生する残り屑（例：おがくず）ですが、副産物と異なり、加工価値はありません。

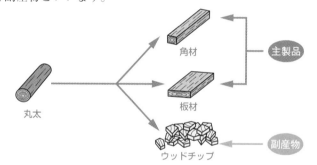

● 副産物の処理と評価

　副産物は、主製品に比べて売却価値が低いので、手間をかけて製造原価を計算することはせず、評価額（見積売却価値）によって測定し、主製品の製造原価から控除していきます。

　具体的には、副産物の分離点の進捗度によって以下のように計算していきます。

(1) 副産物の分離点の進捗度 ≦ 月末仕掛品の進捗度

　この場合には、製造費用の合計から副産物の評価額を先に控除しておき、残りの製造費用を完成品と月末仕掛品に按分します。

(2) 副産物の分離点の進捗度 ＞ 月末仕掛品の進捗度

　この場合には、まず月末仕掛品原価を計算しておき、残りの製造費用より副産物の評価額を控除して、完成品原価を計算します。

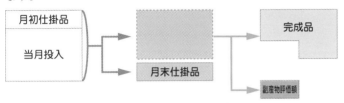

　なお、副産物の評価額（見積売却価値）は、次のように算定します。

> 作業屑の評価は副産物に準じます。

そのまま売却する場合	：見積売却価額－見積販管費
加工してから売却する場合	：見積売却価額－見積加工費－見積販管費
自家消費する場合	：節約される物品の見積購入価額
加工してから自家消費する場合	：節約される物品の見積購入価額－見積加工費

　以上より、CASE63の副産物評価額は次のようになります。

CASE63の副産物評価額

　＠160円×20kg ＝ 3,200円

　次に、完成品原価および月末仕掛品原価の計算ですが、副産物は工程の終点で発生するため、まず月末仕掛品原価を計算しておき、残りの原価から副産物の評価額を控除したものが完成品原価となります。

CASE63の完成品原価等の計算

仕掛品—直接材料費 (AM)

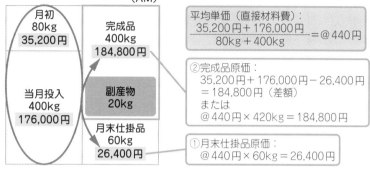

平均単価（直接材料費）：
$$\frac{35,200円 + 176,000円}{80kg + 400kg} = @440円$$

②完成品原価：
35,200円 + 176,000円 − 26,400円
= 184,800円（差額）
または
@440円 × 420kg = 184,800円

①月末仕掛品原価：
@440円 × 60kg = 26,400円

仕掛品—加工費 (AM)

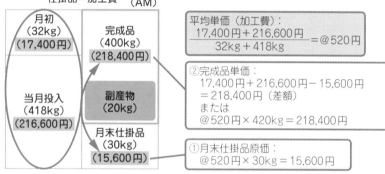

平均単価（加工費）：
$$\frac{17,400円 + 216,600円}{32kg + 418kg} = @520円$$

②完成品単価：
17,400円 + 216,600円 − 15,600円
= 218,400円（差額）
または
@520円 × 420kg = 218,400円

①月末仕掛品原価：
@520円 × 30kg = 15,600円

①月末仕掛品原価： 26,400円 + 15,600円 = 42,000円
②完 成 品 原 価： 184,800円 + 218,400円 − 3,200円 = 400,000円
　　　　　　　　　　　　　　　　　　　　　　　副産物評価額

注意 副産物は単体として出題されることはあまりなく、連産品と関連して出題されることが多いので、その場合、この完成品原価が連結原価となり、それ以降、物量基準や市価基準で按分していくことになります。

⊖ 問題集 ⊖
問題47〜49

第10章

事前原価計算と予算管理

．．．．．

予算に従って企業活動の全体を管理していくためには、
まず年間予算を作成し、
これを達成するために日々の企業活動の舵取りを
していかなくてはなりません。
予算管理は、このプロセスを行うんだけど、具体的には、
どのようにしていくのだろう…。

ここでは、事前原価計算と予算管理の概要について
みていきましょう。

事前原価計算とは？

● 事前原価計算と事後原価計算

工事原価の測定を請負工事の前に実施するか、それ以降に実施するかで、**事前原価計算**と**事後原価計算**に分かれます。

事前原価計算は、工事原価の測定を請負工事前に実施し、実行予算作成を中心とする原価計算です。

事後原価計算は、実際にかかった原価の測定で、工事期間中に累積されていき、最終的に工事終了後に確定される原価計算です。

● 建設業において事前に原価を計算する意義

　建設業では、工事を適切な価額で受注できるかどうかが重要となるので、事前の原価計算が重視されます。そこで、事前原価計算には以下の３つの意義があります。

(1)　見積原価の計算

　指名獲得や受注活動などの対外的資料を作成するための原価算定という意義があります。

　このように、注文の獲得や契約価格の設定のために算定される原価を**見積原価**といいます。

とりあえず、3,000万円に、20%の利益を乗せた3,600万円を提示してみるか…。

普通に建設すれば3,000万円

高級建材を使えば4,000万円

鉄筋や断熱材を抜けば2,000万円

(2)　予算原価の計算

　工事の確実な採算化のための内部的な原価計算という意義があります。

　このように、現実の企業行動を想定して算定される原価を**予算原価**といいます。

契約額3,400万円で、ウチの利益が300万とすると、材料費にいくらかけられる？

確実な採算化のためには、工期が半年としますと、労務費が××円、経費が××円だから材料費は…。

(3) 標準原価の計算

　個々の工事の日常的管理のために能率水準としての原価算定という意義があります。

　このように、原価能率の増進のために、基準値として算定される原価を**標準原価**といいます。

● 事前原価計算の種類

　建設業において経常的に実施される事前原価の計算には「期間」を対象とする計算か、「工事」を対象にする計算かによって次のようなものがあります。

(1) 期間レベルの計算

　長期経営計画から具体化された短期利益計画としてのコスト・プランであり、工事実行予算原価計算に対する基本予算原価計算として位置づけられます。

(2) 工事レベルの計算

① 受注活動のための見積原価計算
② 工事実行予算作成のための予算原価計算
③ 日常現場管理のための標準原価計算

⊖ 問題集 ⊖
問題50

CASE 65 事前原価計算と予算管理

期間予算の編成と管理

建設業は、個別受注生産を前提としているため、年間の基本予算を正確に立てることは難しそうです。しかし、大体の予測がついていれば、燃料の買いつけや機械の購入を有利に進められるでしょう。

期間予算編成の意義

期間予算の編成は、社長などのトップマネジメントが設定した全社的な経営目標を、各種の部分的な予算に編成し、それらを調整的に統合するプロセスです。

このプロセスは、本質的には期間計画ですが、実践的には、各種の個別計画の予算に組み込まれていくという関係をもちます。

よって、予算編成の過程は、実質的には期間計画と個別計画が有機的一体となって展開されていくと考えられます。

> 期間予算は、次のCASE66の工事実行予算と連動しています。

期間予算編成のタイプ

(1) 長期予算と短期予算

予算期間が1年を超えるものを長期予算、1年以内のものを短期予算とする分類です。

(2) 経常予算と資本予算

すでにある経営能力（キャパシティ）を前提として編成する予算（経常予算）か、新しい設備への投資を中心として経常予算の前提である経営能力に変更を与える予算（資本予算）か、による分類です。

> 通常の企業予算の編成は、経常予算が中心です。資本予算は、長期的な経済計算といえます。

(3) 基本予算と実行予算

基本予算は、会計期間（通常は1年の期間）に合わせて大綱的に編成される予算をいいます。

実行予算は、期間や作業などを基準に細分化された精度の高い予算をいいます。建設業の実行予算は工事別の予算として編成されます。

(4) プログラム予算と責任予算

業務予算は、経営計画の実行プログラムを示すとともに、組織の経営管理者と密接に関連付けた責任会計機能を果たすように編成されます。

(5) 固定予算と変動予算

固定予算は、1つの操業度（生産量や販売量）を前提として編成される予算をいいます。

変動予算は、操業度の変化に対応するようにいくつかの予算数値を準備しておく予算をいいます。

(6) 天下り型予算と積上げ型予算

天下り型予算は、上層部の達成目標を明確に織り込んだ予算を、トップの名によって各部門に指示する方式の予算です。

積上げ型予算は、各部門での自主的な予算編成を尊重し、これを若干の修正によって総合予算化する方式の予算です。

● 期間予算の原価差異の分析

予算管理の最終段階では、年次について編成された期間予算と、予算期間の終了時に把握される実績値とを比較して、その差異を科学的に分析します。

また、予算差異発生の原因としては、外部的要因と内部的要因があります。

期間予算の原価差異の分析は、
①次年度以降へのコントロール・データの提供
②「個々の作業」ではなく「管理可能性のある各項目」のコントロールを目的としています。

CASE 66

工事実行予算の編成と管理

今期こそ黒字決算！赤字はもうまっぴらだ！

そんなこと言ったって、具体的には個々の工事の利益を積み上げるしかないでしょ？

個々の工事別に細分化された予算を決めるとどんなメリットがあるのでしょうか？
個別受注生産の建設業では、作業や工事別に、目標を達成できているかを確認するなど、しっかり管理して採算を確保することが重要です。

工事実行予算の意義

工事実行予算とは、各工事の採算性を重視して、工事別に細分化された予算をいいます。

建設業は、個別受注生産のため、工事現場ごとに条件が異なります。そのため、工事ごとの予算と実際額との比較、分析、検討を行うことによって、原価低減や目標利益の達成に役立てます。

工事実行予算の機能

工事別の実行予算には、次のような機能があります。

(1) 内部指向コスト・コントロールのスタート

積算にもとづく見積原価は、あくまでも対外的な受注活動の一環です。一方、工事実行予算は、建設現場の作業管理者も参加して決定するので、内部的なコスト・コントロールのスタートとして機能します。

(2) 利益計画の達成の基礎

個々の工事による個別利益の積み重ねによって、利益計画を

達成するしか方法はありません。そこで、工事実行予算は利益計画を達成するための具体的な基礎として機能します。

(3) 責任会計制度を効果的にすすめる手段

工事実行予算を、管理責任区分と明確に対応したコスト別に編成することで、責任会計制度を効果的に進める手段として機能します。

⬤ 工事実行予算の編成

工事実行予算は、次の手順で編成されます。

工事実行予算の編成

① 予算書作成のチーム編成
② 受注工事の特徴の整理
③ 対外的「見積書」の特殊事情の抽出および実行予算との一般的相違点の明確化
④ 「見積書」からの組み換え作業
⑤ 実行予算案の各部署への回付と必要な調整
⑥ 実行予算の最終的審査および決裁

⬤ 工事実行予算の管理

工事実行予算は、編成段階では動機づけコントロール機能を発揮します。

工事進行中では、定期的な原価集計と報告によって各種の報告書（実行予算管理表など）を作成し、日常的なコスト・コントロールを実施することが重要となります。

⇔ 問題集 ⇔
問題51

第11章

原価管理としての標準原価計算

· · · · ·

工事をするとき、なるべくムダを省きたい。
そこで、原価にどんなムダが
いくら生じているのかを把握したいのだけど、
どうすればいいのだろう?

ここでは、標準原価計算についてみていきましょう。

建設業における標準原価計算

ムダや非効率を
改善しよう！

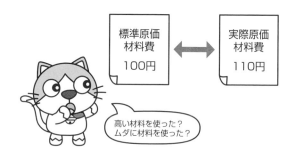

原価をできるだけ低く
おさえようと思ってい
るゴエモン君。
そのためには、どこにムダや
非効率があるのか把握しなけ
ればなりません。
では、どうすれば原価のムダ
や非効率を把握することがで
きるでしょうか？

標準原価計算とは

　会社は、なるべく低い原価で効率的に建物の建設や部品を製
造しようと、日々努力しています。

　そのため、あらかじめ目標となる原価（**標 準 原価**といいま
す）を設け、原価の発生額をこの目標となる原価内におさめる
ように取り組みます。

　また、目標となる原価と実際にかかった原価（**実際原価**とい
います）を比べて、どこにムダや非効率があるのかを見つけ、
必要に応じて原価の改善を行います。

材料を使いすぎ
た、作業時間がか
かりすぎたなどで
すね。

標準原価
材料費
100円

⟷

実際原価
材料費
110円

高い材料を使った？
ムダに材料を使った？

このように、標準原価によって工事や部品の原価を計算し、実際原価との差額を把握・分析する方法を**標準原価計算**といいます。

　また、標準原価によれば計算の迅速性も確保できます。

● 建設業における標準原価計算の導入

　建設業の特質として、生産現場が移動的で、単品生産であるということから標準原価計算を使うことはほとんどありません。

　しかし、建設業では以下に示すように、他の業界よりも優れた標準原価計算導入の素地をもっているといえます。

⑴　**積算技法と数値の浸透**

　積算に使用される基準値は、一種の原価標準であると考えられます。

⑵　**工事受注後、実行予算による原価管理の普及**

　第10章で述べた実行予算は、それぞれの工事別予算原価なので、一種の標準原価と考えられます。

⑶　**標準を示す「歩掛」の存在**

　資材の必要量や時間あたりの作業量を示す語としての「歩掛」は、標準原価計算に役立ちます。

> 積算とは、図面書や仕様書にもとづいて、工事に必要な費用を計算することをいいます。

> 歩掛とは、ある作業に必要な単位あたり数量や、工事に必要な手間や日数を数値化したものをいいます。

CASE 68

標準原価計算の目的と種類

標準原価といっても、目標とすべき原価はいろいろと設定できそうです。どのような標準原価があるのでしょうか。

標準原価計算の目的

標準原価計算には次の目的があります。

> あらかじめ使用率がわかれば、大体どのくらいの原価になりそうか工事の途中でも計算できます。

標準原価計算の目的

- ●原価管理目的
- ●財務諸表作成目的
- ●予算管理目的
- ●記帳の簡略化・迅速化目的

標準原価計算の種類

あるべき原価である標準原価をどれだけ厳格にするかで次の3つに分類することができます。

(1) 理想標準原価

技術的に達成可能な最大操業度のもとにおいて、最高能率を表す最低の原価をいいます。

(2) 現実的標準原価

良好な能率のもとにおいて、その達成が期待されうる標準原

価をいいます。

(3) 正常標準原価

経営における異常な状態を排除し、経営活動に関する比較的長期にわたる過去の実際数値を統計的に平準化し、これに将来のすう勢を加味した正常能率、正常操業度および正常価格にもとづいて決定される原価をいいます。

標準原価を設定する3要素

価格、能率、操業度の3要素をどれだけ厳格にするかの組み合わせによって、さまざまな標準原価を考えることができます。

価格標準	①理想価格標準
	②予定（当座）価格標準
	③正常価格標準
能率（消費量）標準	①理想能率標準
	②達成可能良好能率標準
	③正常能率標準
	④期待能率標準
操業度標準	①理想（完全）操業度
	②実現可能最大操業度
	③（短期）予定操業度
	④（長期）正常操業度

> どれだけ材料などを安く買えるかを考えます。

> どれだけ効率よく生産できるかを考えます。

> どれだけ設備を休ませずにたくさん使えるかを考えます。

実践に利用しやすい当座標準原価計算制度では、現実的標準原価を目標とすべきといわれています。

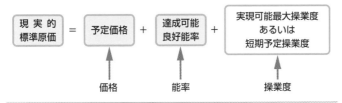

CASE 69

建設業における原価差異の分析

目標とどうして
ズレたんだろう。

? 目標である標準原価と
実際原価を比較して食
い違いの原因を分析しなくて
は、どこにムダがいくらあっ
たのかわかりません。どのよ
うな原因があるのでしょう
か?

建設業における標準原価差異の分析

建設業における標準原価と実際原価との差異は、次のように
分けることが考えられます。

外注費差異と現場
管理予算差異は
CASE72の次にあ
る参考をみてくだ
さい。

標準原価差異の分析

● 直接材料費差異（CASE70）
● 直接労務費差異（CASE71）
● 外注費差異
● 工事間接費差異（CASE72）
● 現場管理予算差異

原価差異の分析①
直接材料費差異の分析

どこにムダが
あったのかな？

？ どこにいくらのムダが
あったかを把握するた
めに、まずは直接材料費差異
について分析することにしま
した。

> **例** 次の資料にもとづいて、直接材料費差異を計算し、価格差異と数
> 量差異に分析しなさい。
>
> (1) 生産データ
>
> | | | |
> |---|---|---|
> | 月初仕掛品 | 20個 | (50%) |
> | 当月投入 | 120 | |
> | 合　計 | 140個 | |
> | 月末仕掛品 | 40 | (50%) |
> | 完成品 | 100個 | |
>
> *1 直接材料はすべて工程
> の始点で投入している。
> *2 （ ）内の数値は加工進
> 捗度である。
>
> (2) 標準直接材料費
>
> @50円 × 2枚＝100円
> 　標準単価　　標準消費量
>
> (3) 当月の実際直接材料費
>
> @51円 × 242枚＝12,342円
> 　実際単価　　実際消費量

原価差異の分析

　当月標準原価と当月実際原価の差額が原価差異ですが、原価

差異の総額がわかっただけでは、何をどう改善すればよいのか
わかりません。そこで、原価差異を**直接材料費差異、直接労務
費差異、工事間接費差異**などに分類し、さらに細かく分析して
いきます。

直接材料費差異の分析

　直接材料費差異（総差異）は、当月の標準直接材料費と実際
直接材料費の差額で計算します。

> 差異を計算すると
> きは、必ず標準か
> ら実際を差し引く
> ようにしましょ
> う。逆にするとま
> ちがえます。

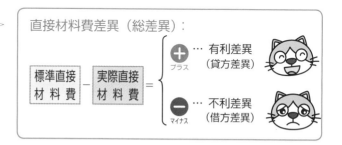

　CASE70では、標準直接材料費が@100円、当月投入量が
120個なので、当月の標準直接材料費は12,000円（@100円×
120個）です。
　また、当月の実際直接材料費が12,342円なので、直接材料費
差異は△342円（12,000円 – 12,342円）と計算することができ
ます。

CASE70の直接材料費差異（総差異）

なお、差異分析のボックス図を書くと次のようになります。

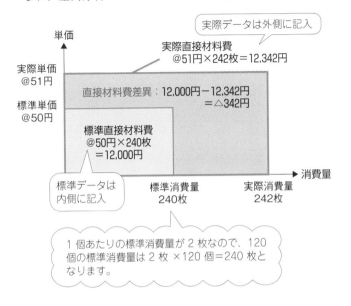

価格差異とは

ひと口に直接材料費差異といっても、差異の原因がわからなければ改善することができません。

そこで、直接材料費差異をさらに、**価格差異**（価格面の差異）と**数量差異**（数量面の差異）に分けます。

価格差異とは、標準よりも高い（安い）材料を使ったために生じた差異を意味し、標準単価と実際単価の差に実際消費量を掛けて計算します。

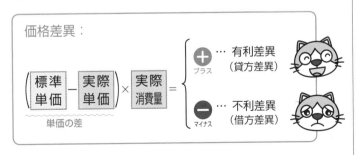

以上より、CASE70の価格差異は次のように計算します。

CASE70では、標準（@50円）よりも高い（@51円）材料を使ったため、不利差異が生じています。

CASE70の価格差異

$$(@50円 - @51円) \times 242枚 = \triangle 242円$$

標準単価　実際単価　実際消費量　不利差異

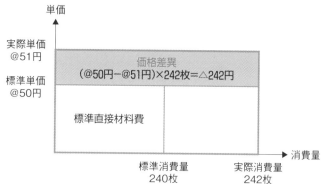

数量差異とは

　数量差異とは、標準よりも材料を多く使った（少ない材料ですんだ）ために生じた差異を意味し、標準単価に標準消費量と実際消費量の差を掛けて計算します。

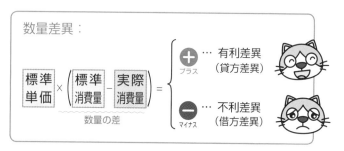

　CASE70では、1個あたりの標準消費量が2枚なので、当月投入分120個の標準消費量は240枚（2枚×120個）です。したがって、数量差異は次のように計算します。

CASE70では、240枚で作れるところ、242枚も使ったので、不利差異が生じています。

CASE70の数量差異

$$@50円 \times (240枚 - 242枚) = \triangle 100円$$

標準単価　標準消費量　実際消費量　不利差異

　以上より、直接材料費差異の分析図をまとめると次のように
なります。

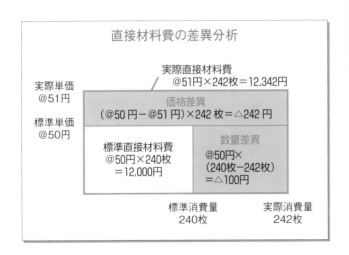

タテは単価、ヨコは数量。
内側に標準値を書くのがポイントだニャ

CASE 71
原価差異の分析②
直接労務費差異の分析

つづいて、直接労務費
差異について分析する
ことにしました。

例 次の資料にもとづいて、直接労務費差異を計算し、賃率差異と
時間差異に分析しなさい。

(1) 生産データ

月初仕掛品	20個	(50%)
当月投入	120	
合　計	140個	
月末仕掛品	40	(50%)
完成品	100個	

*1 直接材料はすべて工程
の始点で投入している。
*2 ( ) 内の数値は加工進
捗度である。

(2) 標準直接労務費

@20円 × 3時間 ＝ 60円
標準賃率　標準直接作業時間

(3) 当月の実際直接労務費

@25円 × 250時間 ＝ 6,250円
実際賃率　実際直接作業時間

● 直接労務費差異の分析

　直接労務費差異（総差異）は、当月の標準直接労務費と実際

直接労務費の差額で計算します。

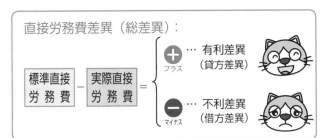

CASE71では、1個あたりの標準直接労務費が@60円、当月投入量（完成品換算量）が110個なので、当月の標準直接労務費は6,600円（@60円×110個）です。また、当月の実際直接労務費が6,250円なので、直接労務費差異は350円（6,600円－6,250円）と計算することができます。

当月投入量（完成品換算量）は下記の仕掛品ボックスを参照してください。

CASE71の直接労務費差異（総差異）

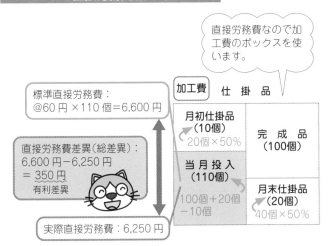

なお、差異分析のボックス図を書くと次ページのようになります。

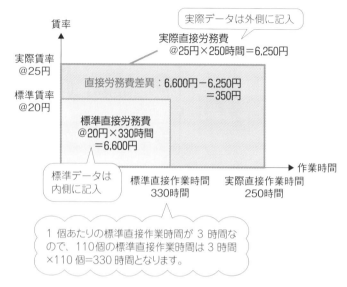

実際データは外側に記入

実際直接労務費
@25円×250時間＝6,250円

実際賃率
@25円

標準賃率
@20円

直接労務費差異：6,600円－6,250円
＝350円

標準直接労務費
@20円×330時間
＝6,600円

標準データは
内側に記入

標準直接作業時間
330時間

実際直接作業時間
250時間

作業時間

賃率

1 個あたりの標準直接作業時間が 3 時間な
ので、110個の標準直接作業時間は 3 時間
×110 個＝330 時間となります。

賃率差異とは

直接材料費差異を価格差異（価格面の差異）と数量差異（数量面の差異）に分けたように、直接労務費差異もさらに**賃率差異**（賃率面の差異）と**時間差異**（作業時間面の差異）に分けます。

賃率差異とは、標準よりも高い（安い）賃率の工員が作業をしたために生じた差異を意味し、標準賃率と実際賃率の差に実際直接作業時間を掛けて計算します。

たとえば、簡単な作業を熟練工（賃金が高い工員）が担当すると原価が高くなってしまう、などです。

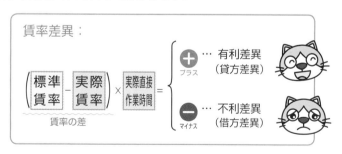

賃率差異：

$$\left(\begin{array}{c}\text{標準}\\\text{賃率}\end{array} - \begin{array}{c}\text{実際}\\\text{賃率}\end{array}\right) \times \begin{array}{c}\text{実際直接}\\\text{作業時間}\end{array} =$$

賃率の差

➕ … 有利差異
プラス （貸方差異）

➖ … 不利差異
マイナス （借方差異）

以上より、CASE71の賃率差異は次のように計算します。

CASE71の賃率差異

（@20円 － @25円）× 250時間 ＝ △1,250円
標準賃率　　実際賃率　　実際直接作業時間　　不利差異

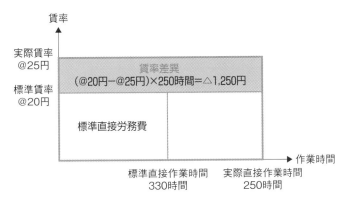

CASE71では、標準賃率（@20円）よりも実際の賃率（@25円）が高かったため、不利差異が生じています。

CASE71では、標準賃率（@20円）よりも実際の賃率（@25円）が高かったため、不利差異が生じています。

時間差異とは

時間差異とは、標準よりも多くの作業時間を費やした（少ない作業時間ですんだ）ために生じた差異を意味し、標準賃率に標準直接作業時間と実際直接作業時間の差を掛けて計算します。

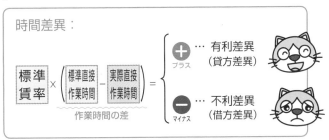

CASE71では、1個あたりの標準直接作業時間が3時間なので、当月投入分110個の標準直接作業時間は330時間（3時間×110個）です。したがって、時間差異は次ページのように計算します。

CASE71では、330時間かかると予定していたところ、250時間ですんだので有利差異が生じています。

CASE71の時間差異

@ 20円 × (330時間 − 250時間) = 1,600円
標準賃率　標準直接作業時間　実際直接作業時間　有利差異

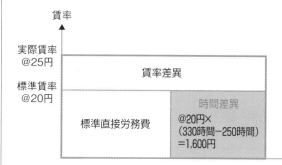

以上より、直接労務費差異の分析図をまとめると次のようになります。

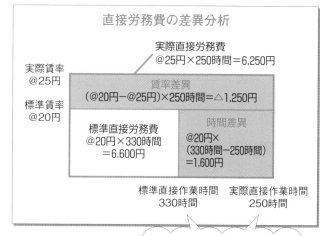

タテは賃率、ヨコは直接作業時間だニャ

標準直接作業時間のほうが実際直接作業時間より多くても、必ず内側（左側）に標準直接作業時間を書いてください。

CASE 72

原価差異の分析③
工事間接費差異の分析

工事間接費の
差異を分析！

今度は、工事間接費差異を分析することにしました。
工事間接費差異の分析は直接材料費差異や直接労務費差異と少し違います。

例 次の資料にもとづいて、工事間接費差異を計算し、予算差異、操業度差異、能率差異に分析しなさい。

(1) 当月の標準直接作業時間など

　　標準直接作業時間：330時間

　　標準工事間接費：9,900円

　　＊工事間接費は直接作業時間を基準に配賦している。

(2) 工事間接費の月間予算額

　　工事間接費の月間予算額：10,500円

　　基準操業度：350時間

　　（変動費率：＠10円　固定費予算額：7,000円）

(3) 当月の工事間接費実際発生額と実際直接作業時間

　　工事間接費実際発生額：10,000円

　　実際直接作業時間：250時間

工事間接費差異の分析

　工事間接費差異（総差異）は、当月の標準工事間接費と工事間接費実際発生額との差額で計算します。

工事間接費差異（総差異）：

標準工事間接費 − 工事間接費実際発生額 =

$+$ ··· 有利差異（貸方差異）
プラス

$-$ ··· 不利差異（借方差異）
マイナス

CASE72では、当月の標準工事間接費は9,900円です。また、当月の工事間接費実際発生額が10,000円なので、工事間接費差異は△100円（9,900円−10,000円）と計算することができます。

CASE72の工事間接費差異（総差異）

9,900円 − 10,000円 = △100円
標準工事間接費　実際発生額　　不利差異

なお、工事間接費差異は**予算差異**、**操業度差異**、**能率差異**
に分けて分析します。

これらの差異に分けて分析する前に、工事間接費の予算額についてみておきましょう。

固定予算と変動予算

工事間接費の標準配賦率は、1年間の工事間接費の予算額を見積り、これを1年間の標準配賦基準値（基準操業度）で割って計算します。

1年間の工事間接費の予算額の決め方には、**固定予算**と**変動予算**があります。

固定予算とは、基準操業度における予算額を決めたら、たとえ実際操業度が基準操業度と違っていても、基準操業度における予算額を当月の予算額とする方法をいいます。たとえば、1カ月間の基準操業度を10時間、このときの工事間接費を20円と見積った場合で、実際操業度が8時間のとき、基準操業度（10時間）と実際操業度（8時間）が違っても、基準操業度における予算額（20円）が当月の予算額となります。

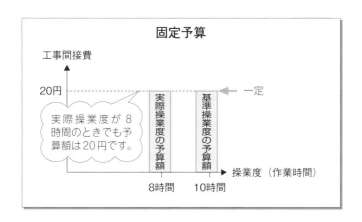

一方、**変動予算**とは、さまざまな操業度に対して設定した予算額を工事間接費の予算額とする方法をいいます。たとえば、操業度が10時間のときの予算額は20円、8時間のときの予算額は16円と見積った場合で、実際操業度が8時間のときは、8時間の予算額（16円）が工事間接費の予算額となります。

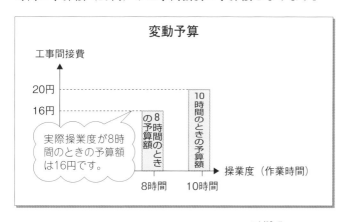

なお、変動予算のなかでも、工事間接費を**変動費**（操業度に比例して発生する費用）と**固定費**（操業度が変化しても一定額が発生する費用）に分けて予算額を決める方法を**公式法変動予算**といいます。

操業度とは、一定期間における設備などの利用度合いをいい、直接作業時間や機械作業時間などがあります。

公式法変動予算の予算額の決め方

公式法変動予算では、変動工事間接費の予算額と固定工事間接費の予算額をそれぞれ決めて、これを合算します。

変動工事間接費については、直接作業時間1時間（配賦基準が直接作業時間の場合）あたりの変動工事間接費を見積り、これに実際操業度を掛けて、実際操業度における変動工事間接費の予算額を決めます。

なお、直接作業時間1時間あたりの変動工事間接費を**変動費率**<ruby>率<rt>りつ</rt></ruby>といいます。

変動工事間接費の予算額＝変動費率×実際操業度

CASE72では、変動費率は@10円、実際直接作業時間は250時間なので、変動工事間接費の予算額は2,500円（@10円×250時間）となります。

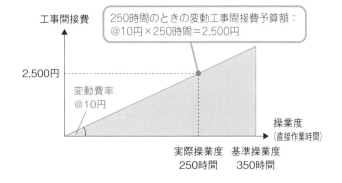

また、固定工事間接費については、当初見積った<u>基準操業度における固定工事間接費</u>が、実際操業度における固定工事間接費の予算額となります。

固定工事間接費の予算額
＝基準操業度における固定工事間接費

したがって、CASE72の固定工事間接費の予算額は7,000円となります。

基準操業度とは、予定した生産量を製造するために必要な設備などの利用度合い（直接作業時間や機械作業時間など）をいいます。

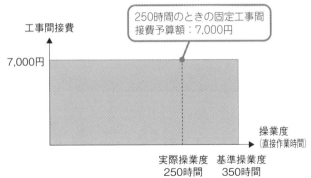

250時間のときの固定工事間
接費予算額：7,000円

工事間接費

7,000円

操業度
(直接作業時間)

実際操業度　基準操業度
250時間　　350時間

　そして、変動工事間接費の予算額と固定工事間接費の予算額
の合計が、当月の実際操業度における工事間接費の予算額とな
ります。

　なお、実際操業度における予算額を**予算許容額**といいます。

　以上より、CASE72の予算許容額は9,500円（2,500円＋7,000
円）と計算することができます。

CASE72の予算許容額

2,500円＋7,000円＝9,500円

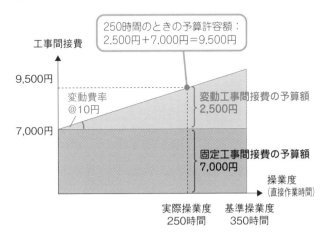

250時間のときの予算許容額：
2,500円＋7,000円＝9,500円

工事間接費

9,500円

変動費率
@10円

7,000円

変動工事間接費の予算額
2,500円

固定工事間接費の予算額
7,000円

操業度
(直接作業時間)

実際操業度　基準操業度
250時間　　350時間

予算差異

ここから工事間接費差異分析の話に戻ります。まずは予算差異から…。

予算差異とは、上記で計算した予算許容額と工事間接費実際発生額の差額をいいます。

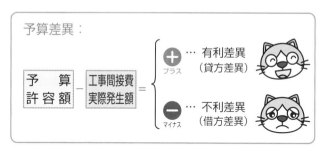

CASE72では、予算許容額が9,500円、工事間接費実際発生額が10,000円なので、予算差異は△500円（9,500円 - 10,000円）と計算することができます。

予算オーバーなので、不利差異ですね。

CASE72の予算差異

9,500円 - 10,000円 = △500円
予算許容額　実際発生額　不利差異

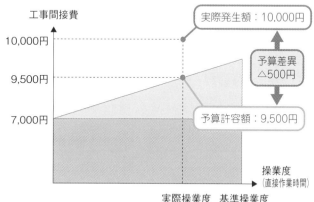

操業度差異

たとえば、機械の減価償却費は、操業度の増減にかかわらず

一定額が発生します。つまり、まったく機械を使わなくても一定額の費用が発生してしまうので、「使わないと損（できるだけ機械を使ったほうが得）」ということになります。

このように、生産設備の利用度（操業度）の良否を原因として固定費から発生する差異を、**操業度差異**といいます。

操業度差異を求めるには、まず、直接作業時間1時間（操業度が直接作業時間の場合）あたりの固定工事間接費を計算します。

なお、この1時間あたりの固定工事間接費を**固定費率**といいます。

CASE72では、基準操業度が350時間、固定費予算額が7,000円なので、固定費率は@20円（7,000円÷350時間）となります。

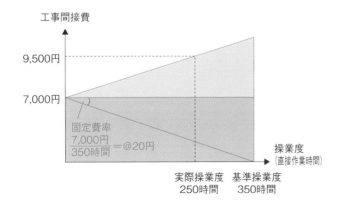

そして、固定費率に実際操業度と基準操業度の差を掛けて、操業度差異を計算します。

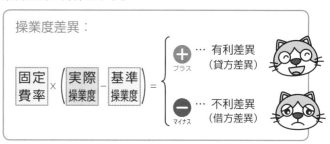

操業度差異：

$$\boxed{\begin{array}{c}固定\\費率\end{array}} \times \left(\boxed{\begin{array}{c}実際\\操業度\end{array}} - \boxed{\begin{array}{c}基準\\操業度\end{array}}\right) = \begin{cases} \oplus \cdots 有利差異（貸方差異）\\ \ominus \cdots 不利差異（借方差異）\end{cases}$$

以上より、CASE72の操業度差異は次のように計算します。

CASE72では、350時間使えるところ、250時間しか使わなかったので、不利差異ですね。

CASE72の操業度差異

$@20円 \times (250時間 - 350時間) = \triangle 2,000円$
固定費率　　実際操業度　基準操業度　　　不利差異

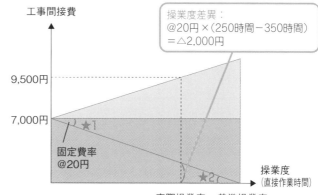

操業度差異：
@20円×（250時間－350時間）
＝△2,000円

工事間接費

9,500円

7,000円

固定費率
@20円

★1

★2

操業度
(直接作業時間)

実際操業度
250時間

基準操業度
350時間

平行線に斜めの線を引いたとき、錯角（★1と★2）は等しくなります。したがって、★2 も@20円となります。ですから、底辺（250時間－350時間）に角度★2（@20円）を掛けた数字が高さ（操業度差異）となるのです。

● 能率差異

たとえば、1個の標準直接作業時間を3時間としたとき、10

個を作るのにかかる直接作業時間は30時間（＠3時間×10個）のはずです。しかし、工員の能率が低下したことなどが原因で、実際は40時間かかってしまうことがあります。

　このように工員の作業能率の低下などを原因として発生する工事間接費のムダを、**能率差異**といいます。

　能率差異は、標準配賦率に標準操業度と実際操業度の差を掛けて計算します。

標準配賦率は、変動費率＋固定費率です。

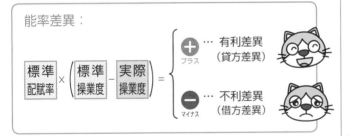

　なお、標準操業度は、1個あたりの標準操業度に当月投入量（完成品換算量）を掛けて求めます。

標準直接作業時間を求めたときと同じです。

　CASE72の標準操業度は資料より330時間なので、CASE72の能率差異は次のように計算します。

CASE72の能率差異

＠30円×（330時間 − 250時間）＝ 2,400円
標準配賦率　　標準操業度　　実際操業度　　　有利差異

CASE72では、330時間かかる予定のところを250時間でできたので、有利差異です。

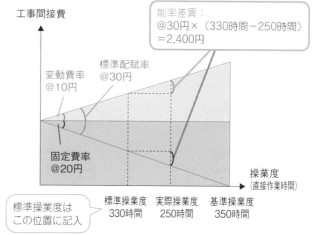

なお、能率差異は変動費から生じたものと固定費から生じた
ものを分けて、**変動費能率差異**と**固定費能率差異**に分けること
もあります。

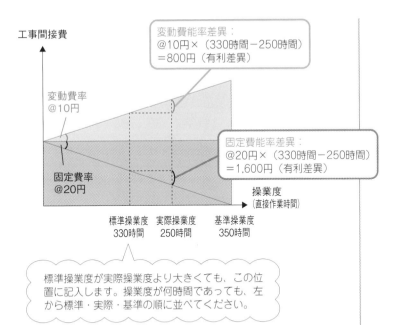

変動費能率差異：
@10円×（330時間－250時間）
＝800円（有利差異）

工事間接費

変動費率
@10円

変動費率
@20円

固定費能率差異：
@20円×（330時間－250時間）
＝1,600円（有利差異）

操業度
（直接作業時間）

標準操業度　実際操業度　基準操業度
330時間　　250時間　　350時間

標準操業度が実際操業度より大きくても、この位
置に記入します。操業度が何時間であっても、左
から標準・実際・基準の順に並べてください。

　以上より、工事間接費差異についてまとめると次のとおりで
す。

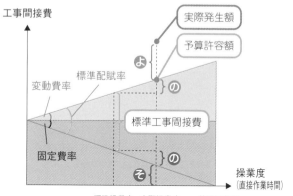

工事間接費の差異分析

工事間接費

実際発生額

予算許容額

標準配賦率

変動費率

よ

の

標準工事間接費

固定費率

の

そ

操業度
(直接作業時間)

標準操業度　実際操業度　　基準操業度

工事間接費差異（総差異）＝標準工事間接費－実際発生額

よ　予算差異＝予算許容額－実際発生額

そ　操業度差異＝固定費率 ×（実際操業度－基準操業度）

のの　能率差異＝標準配賦率 ×（標準操業度－実際操業度）

の　変動費能率差異＝変動費率 ×（標準操業度－実際操業度）

の　固定費能率差異＝固定費率 ×（標準操業度－実際操業度）

能率差異を2つに分けて分析する方法を四分法
（予算差異、操業度差異、変動費能率差異、固定費能
率差異）、2つに分けないで分析する方法を三分法
（予算差異、操業度差異、能率差異）といいます。
試験では、問題文の指示にしたがって分析してく
ださい。

固定予算

固定予算の場合の差異分析は、基本的に公式法変動予算の場合と同じですが、固定費と変動費を分けないため、**操業度差異は、標準配賦率に実際操業度と基準操業度の差を掛ける**ことになります。また、能率差異は変動部分と固定部分を分けません。

したがって、先のCASE72を固定予算とした場合、次のようになります。

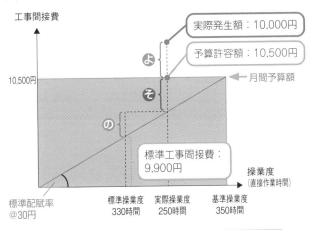

工事間接費

実際発生額：10,000円

予算許容額：10,500円

10,500円 ← 月間予算額

標準工事間接費：9,900円

操業度（直接作業時間）

標準配賦率
@30円

標準操業度 330時間　実際操業度 250時間　基準操業度 350時間

工事間接費差異（総差異）＝標準工事間接費－実際発生額
　△100円　　　　　　＝　9,900円　－　10,000円
　不利差異

予算差異＝予算許容額－実際発生額
よ 500円 ＝ 10,500円 － 10,000円
　有利差異

操業度差異＝標準配賦率×（実際操業度－基準操業度）
そ △3,000円 ＝ @30円 ×（ 250時間 － 350時間 ）
　不利差異

能率差異＝標準配賦率×（標準操業度－実際操業度）
の 2,400円 ＝ @30円 ×（ 330時間 － 250時間 ）
　有利差異

外注費差異の分析と現場管理予算差異の分析

⑴ 外注費差異の分析

外注費差異の分析は、工種別差異分析を重視するため、契約単価差異と工期差異とに区別して分析します。

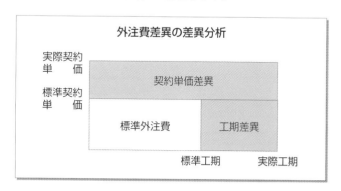

⑵ 現場管理予算差異の分析

現場管理予算差異の分析は、各科目別に予算差異を算出し、その内容を検討します。また、科目の内容によっては、工事間接費差異のような分析が適することもあります。

原価差異の財務会計的処理

標準原価計算によって
生じた差異は、最終的
にどのように処理をすればよ
いのでしょうか？

原価差異の処理

標準原価計算制度において生じた原価差異の処理は『原価計算基準』では次のように定められています。

① 数量差異、作業時間差異、能率差異等であって異常な状態にもとづくものは非原価項目として処理します。

② 材料購入価格差異（材料受入価格差異）は、当年度の材料の払出高と期末在高に配賦します。

③ 当年度の材料払出高に配賦された材料購入価格差異及びその他の原価差異は、原則として当年度の売上原価に賦課します。

④ 原価標準が不適当なために、比較的多額の原価差異が生じる場合には、当年度の売上原価と期末棚卸資産に科目別または指図書別に配賦します。

> 建設業における売上原価は完成工事原価となりますね。
> 期末棚卸資産は材料や未成工事支出金になります。

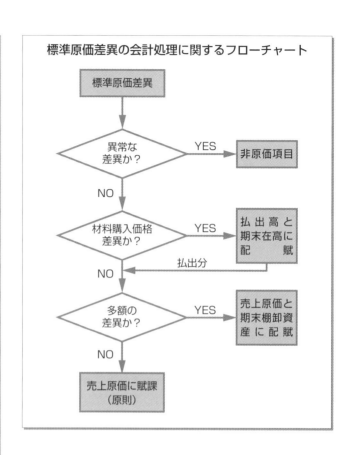

標準原価差異の会計処理に関するフローチャート

標準原価差異

異常な差異か？ → YES → 非原価項目

NO ↓

材料購入価格差異か？ → YES → 払出高と期末在高に配賦

NO ↓ ← 払出分

多額の差異か？ → YES → 売上原価と期末棚卸資産に配賦

NO ↓

売上原価に賦課（原則）

⊖ 問題集 ⊖
問題52〜54

第12章

原価管理の展開

・・・・・
・・・・

今期は目標よりも、
多くの原価が掛かってしまった…。
発生する原価をできるだけ低くするためには、
どうしたらいいんだろう。

ここでは、原価管理の展開についてみていきましょう。

原価企画

原価を低く抑えたいんだけど…

発生する原価をできる限り低くするためにはどうすればいいでしょうか？

工事の受注から完成に至るまでのプロセスのなかで、どのように原価の発生が決定されていくのかみていきましょう。

建設業の経営活動と原価管理

建設業の経営活動のプロセスを、コストの観点から概説すると、次のとおりになります。

(1) 企画・調査

建設事業に関するアイデアが提起され、事業化の検討が始まります。この段階では実行可能性を調査し、建設に要する概略的な期間とコストの予測を行います。

(2) 基本設計

建造物の形状、配置などについて基本的な計画が作成され、この基本計画にもとづいて原価の概算を見積もります。

(3) 詳細設計（実施設計）

基本設計の大枠に沿って建造物の形状、構造などを具体的に決定し、設計図書にまとめます。

(4) 調達（入札・契約）

設計が終了したら、工事や大型設備などの調達を行います。ここで事業者や設計事務所は、建設会社選定の目安となる標準

的な価格（予定価格）の積算を行い、建設会社は、自社の技術力や経営状況を考慮して、自社の見積価格を積算により作成します。

⑸ 施工・竣工

　工事を受注した建設会社は、現場の体制づくり、施工計画、資材や外注工事の調達、着工後の施工の管理、竣工と引渡し検査といった一連の経営管理活動を行います。

　このうち、施工計画については、入札時の見積金額作成用の概略の施工計画から、現場の状況などを詳細に検討し、実態に即した施工計画へと作成し直します。そして、施工計画を金額換算した実行予算の編成を行い、実行予算管理を運用します。

● 原価管理の体系

　日本の製造業を中心に発展してきた原価管理システムは、設計段階（工事着手前）で用いられる原価企画と、施工段階（製造段階）で用いられる原価維持と原価改善の3つがあります。これらは、それぞれ**PDCAサイクル（Plan→Do→Check→Action**のサイクル）により、企業の利益目標の達成に向けて、従業員の原価管理活動を動機づける仕組みです。

PDSAサイクル（Plan→Do→See→Action）とすることもあります。

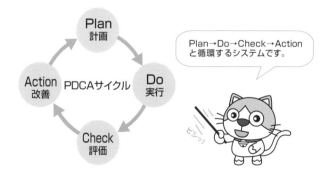

Plan→Do→Check→Action
と循環するシステムです。

● 原価企画

　原価企画とは、工事着手前の段階において、関連部署の総意を結集し、目標利益を確保できる目標原価を作り込む活動のことをいいます。

　原価企画は、着工以前の原価管理活動で、企画調査から着工準備までの源流管理の活動です。コストの発生額の大半は工事に着手する前の段階で決定するため、着工後の原価低減の余地は少なく、よって工事着手以前の段階で管理することが効果的です。

　工事着手前の段階において目標原価を作り込む手順は次のようになります。

(1) 目標利益の設定

　　許容原価
　　＝受注金額―目標利益

(2) 目標利益と受注金額から許容原価を計算

(3) 現状の技術を前提に発生が予想される原価として見積原価を計算

原価削減目標
＝許容原価―見積原価

(4) 許容原価と見積原価を比較し、原価削減目標を決定

VEとは最低のコストで必要な機能を確実に達成するために行われる組織的活動をいいます。VEで削減しきれなかった部分については、量産開始後の原価低減活動に持ち越すことになります。

(5) 許容原価と見積原価を擦り合わせ、VE（バリューエンジニアリング）を実施し、原価削減目標に近づけていきます

(6) 見積原価から原価削減額を控除して目標原価を設定

　　目標原価
　　＝見積原価―VEによる原価削減額

○○円の利益を出したいから、原価は××円以内に抑えたいなあ。

● 原価維持と原価改善

原価維持とは、原価企画により設定された目標原価を、標準原価管理や予算管理を行うことで維持する活動をいいます。

原価改善とは、目標利益を実現するために、目標原価改善額を決定し、これを工場や部門に割り当て、従業員により原価改善目標を実現していく活動をいいます。

● 原価企画と原価改善の関係

原価改善とは、施工段階（建設工事現場）において、標準原価を下回る原価水準の達成に向けて、原価改善活動に携わる従業員を動機づける原価管理活動です。

原価企画活動を行う工事着手前の段階において、目標原価（目標予算）を完全に達成することは現実には不可能なことが多いです。そこで、その未達成額を低減目標として建設現場に割り付け、施工段階での原価の引下げを目指すことになります。

⇔ 問題集 ⇔
問題55

品質原価計算

ゴエモン㈱では、競合他社に打ち勝つために高品質と低価格を看板に建築の受注をすることにしました。

そこで品質と原価の関係について調べてみたところ品質原価計算が効果的であることがわかりました。いったい品質原価計算とはどのような方法なのでしょうか。

例	ゴエモン㈱の付属資料にもとづいて、下記の文章の [　　] の中には適切な用語を、（　　）の中には適切な数値（×1年度と×2年度との差額）を計算し、記入しなさい。

　当社では、従来の品質管理が不十分であったので、企業内のさまざまな部門で重点的に品質保証活動を実施するため「予防―評価―失敗アプローチ」を採用し、その結果を品質原価計算で把握することにした。

　2年間にわたるその活動の成果にはめざましいものがあり、×1年度と×2年度を比較すると、[①] コストと [②] コストの合計は、上流からの管理を重視したために×1年度よりも （ ③ ） 万円だけ増加したが、逆に下流で発生する [④] コストと [⑤] コストとの合計は×1年度よりも （ ⑥ ） 万円も節約され、その結果全体として品質保証活動費の合計額は×1年度よりも650万円も激減させることに成功した。

	×1年度	×2年度	（単位：万円）
不良品手直費	850	250	
クレーム処理費	820	640	
品質保証教育費	80	180	
損害賠償費	1,300	300	
受入資材検査費	60	80	
設計改善費	520	1,530	
品質保証活動費合計	3,630	2,980	

品質原価計算とは

　品質原価計算とは、より低い原価で高い品質を達成するために、建造物の品質に関連する原価を集計し、これを分析するための原価計算をいいます。

　現代企業では、**品質調査費**や**補修費**などの多額の**品質関連原価**が発生するため、品質原価計算を実施することにより品質を落とさずに多額の原価節約が可能になります。

品質コストの分類

　品質原価計算を行う場合、**予防―評価―失敗アプローチ**とよばれる手法が広く普及しており、この手法によれば原価は、(1)**品質適合コスト**と(2)**品質不適合コスト**に分類されます。

(1)　品質適合コスト

　品質適合コストとは、建造物の品質不良が発生しないようにするために必要な原価をいいます。この品質適合コストはさらに**予防コスト**と**評価コスト**に分類されます。

・予防コスト：予防コストとは、**設計仕様に合致しない建造物の施工を予防**するための活動の原価をいいます。

・評価コスト：評価コストとは、**設計仕様に合致しない建造物を発見**するための活動の原価をいいます。

(2) 品質不適合コスト

品質不適合コストとは建造物の品質不良が発生してしまったために必要となる原価をいいます。この品質不適合コストはさらに**内部失敗コスト**と**外部失敗コスト**に分類されます。

・内部失敗コスト：内部失敗コストとは、**建造物を引き渡す前に欠陥や品質不良が発生した場合に生じる**原価をいいます。

・外部失敗コスト：外部失敗コストとは、**建造物を引き渡した後に**欠陥や品質不良が発生した場合に生じる原価をいいます。

品質コストの具体例

品質コスト	品質適合コスト	予防コスト	品質保証教育訓練費
			品質管理部門個別固定費
			設計改善費
			工程改善費
		評価コスト	購入材料の受入検査費
			各工程の中間品質検査費
			建造物検査費
	品質不適合コスト	内部失敗コスト	手戻費
			手直費
		外部失敗コスト	クレーム調査出張旅費
			取替え・引取運送費
			損害賠償費
			格下げ損失
			補修費

品質コスト ─┬─ 品質適合コスト ─┬─ 予防コスト
　　　　　　 │　　　　　　　　　 └─ 評価コスト
　　　　　　 └─ 品質不適合コスト ─┬─ 内部失敗コスト
　　　　　　 　　　　　　　　　　　 └─ 外部失敗コスト

建造物の建築・引渡前の事前的な管理（上流管理といいます）に係る原価

建造物の建築・引渡後の事後的な管理（下流管理といいます）に係る原価

品質原価計算の目的

　品質原価計算の目的は、予防コスト、評価コスト、内部失敗コスト、外部失敗コストの相関関係を把握することによって、品質に関するコストをどのようにかけていくかの意思決定に役立つ情報を入手することにあります。

　品質コストは、積極的に**品質適合コストをかければかけるほど、品質不適合コストの発生を少なく**することができ、逆に、**品質適合コストを節約してしまうと、品質不適合コストが巨額に発生**してしまうという関係があります。

　このトレード・オフの関係から適合品質を維持しつつ、品質コスト（品質適合コストと品質不適合コストとの合計）が最小となる最適点の品質コスト（最適品質コスト）を求めるとともに、最適品質水準を把握することが品質原価計算の目的です。

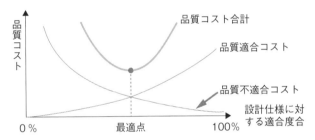

　以上より、CASE75について原価を分類・計算してみましょう。

　まず、付属資料に記載されている原価を分類し、×1年度と×2年度を比較して、コストが増えたのか、減ったのか、その増減額を計算します。

（単位：万円）

	×1年度	×2年度	増減額	原価の分類
不良品手直費	850	250	△600	内部失敗コスト
クレーム処理費	820	640	△180	外部失敗コスト
品質保証教育費	80	180	＋100	予防コスト
損害賠償費	1,300	300	△1,000	外部失敗コスト
受入資材検査費	60	80	＋20	評価コスト
設計改善費	520	1,530	＋1,010	予防コスト
品質保証活動費合計	3,630	2,980	△650	

　それでは①～⑥について考えていきましょう。

　まず、①、②については「上流からの管理」とあることからそれぞれ**予防**と**評価**が入り、③には予防コストと評価コストの増減額（　　部分）の合計**1,130**が入ります。

　つづいて、④、⑤については「下流で発生する」とあることから、**内部失敗**と**外部失敗**が入り、⑥には内部失敗コストと外部失敗コストの増減額（　　部分）の合計**1,780**が入ります。

品質適合コストが増加すると品質不適合コストが減少するという、両者のトレード・オフ関係を理解しておくと分類しやすいですよ。

●QCとTQC／TQM

　QC（Quality Control：品質管理）とは、直接的には、生産（建設）現場で品質管理を実施しようとするものですが、わが国では、日本的経営の特徴に支えられ、TQC（Total Quality Control：全社的品質管理、総合的品質管理）という独特の品質管理活動が展開されました。

　TQCとは、品質管理を単に工事現場や製造現場のみならず、

⇔ 問題集 ⇔
問題56

企業活動の全域にわたって適用し、しかも経営者から現場の作業者まで、全員参加で行う経営活性化の手法です。とりわけ小集団活動により、全従業員の英知を結集して大きな成果が実現されます。

　このような、わが国の品質管理活動の影響を受けて、アメリカで展開された概念がTQM（Total Quality Management）です。

ライフサイクル・コスティング

建物にも
個性がないと！

シンプルな建物の方が、
メンテナンスが楽ですよ。

近年において、製品の
購入者は、単に製品の
取得原価ばかりではなく、取
得後の運用、保全、廃棄など
にかかるコストも考慮して製品
を選択するようになりました。
これは建造物においても同
様です。ここでは建造物の
ライフサイクルについてみ
ていきましょう。

ライフサイクル・コスティング

　ライフサイクル・コストとは、建物の企画・設計段階から廃
棄処分に至るまで使用期間に発生するすべてのコストの合計値
です。

　ライフサイクル・コスティングとは、このライフサイクル・
コストを測定する手続きのことをいい、「購入者にとってのラ
イフサイクル・コスティング」と「提供者にとってのライフサ
イクル・コスティング」があります。

本書では「購入者
にとってのライフ
サイクル・コス
ティング」を説明
していきます。

購入者にとってのライフサイクル・コスティング

　長期間使用する機械設備や建物などの固定資産は、購入者側
でも購入代価である取得コストに加えて、運転費、廃棄費など
の使用コストが発生します。この使用コストの比重が高い資産
の購入においては、取得コストだけでなく使用コストも含めた
ライフサイクル・コストを比較して、購入の意思決定を行うべ
きです。

　一般に、購入原価などの取得コストが高ければ、修繕費や廃
棄費などの使用コストは減少する傾向にあり、逆に、購入原価

が安いと保守のために多くの手間と費用がかかり、使用コストが高くなる傾向があります。

　そのため、購入者は、自らが使用する資産のライフサイクル・コストが最小になるような代替案を選択する必要があります。特に、機械設備や建物などの固定資産は、長期にわたって使用し、取得後に変更することは容易でないため、取得時の判断が重要になります。

建築物のライフサイクル・コスト

　建築物のライフサイクル・コストは、企画設計コスト、建設コスト、運用管理コストおよび廃棄処分コストの4つに大別することができます。

　これらのうち、その大半を占めるのが運用管理コストであり、保全・修繕・運用などの運用管理コストの発生を決定付けるのは形状、形態、材質などが決まる企画設計または建設段階です。

　この運用管理コストをいかに削減することができるかが、コスト管理の重要な課題となります。

第13章

経営意思決定の特殊原価分析

. . . . .

生産・販売に使用する工場用地、建物、機械設備に対する投資は
どう考えたらいいんだろう。
工場用地、建物、機械設備には多額の投資が必要だけど
過剰な投資を行うと投資額の回収がむずかしくなるし…。
適切な投資ってむずかしいよなぁ。

それでは経営意思決定の特殊原価分析が
どのように役立つのか具体的に学習していきましょう。

経営意思決定とは?

経営意思決定に際して、管理会計はどのように役立つのだろうか…?

企業経営を進めるうえで、経営者は将来の活動に関してさまざまな決断を下していく必要があります。このように企業が将来においてとるべき行動を決定することを経営意思決定といいます。

特殊原価調査とは

特殊原価調査とは、財務会計機構のらち外で、臨時的に、また、必要に応じて随時的に行われる原価計算で、一般に、経営意思決定に必要な原価情報を提供する目的に資する原価計算をいいます。

経営意思決定

経営意思決定とは、一般に、企業目標の達成の観点から合理的に代替案を選択することです。この経営意思決定のプロセスの概要を示すと、次のようになります。

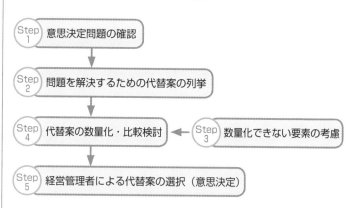

Step 1 意思決定問題の確認

Step 2 問題を解決するための代替案の列挙

Step 4 代替案の数量化・比較検討 ← Step 3 数量化できない要素の考慮

Step 5 経営管理者による代替案の選択（意思決定）

いままでの学習では既存の経営構造の枠内でさまざまな目的のために原価計算を行ってきましたが、これからは既存の経営構造をいかに再構築していくのかという観点から、視野を広げて物事を考えていきます。

企業経営の基本的な構造を経営構造といいます。

経営意思決定の分類

経営意思決定は、既存の経営構造を部分的に再構築する(1)**業務的意思決定**と、全体的に再構築する(2)**構造的意思決定**の2つに分類できます。

(1) 業務的意思決定

業務的意思決定とは、既存の経営構造を前提に、その枠組みの中で日々の業務を執行する際の諸問題を解決するための意思決定をいいます。この意思決定では、通常1年以内といった短期的な視点に立って意思決定が行われるのが特徴です。

具体的には以下のようなことを学習していきます。

既存の経営構造を前提に、問題点を部分的に再構築していきます。

①新規注文を
引き受けるか断るか → 新規注文引受可否の
意思決定（CASE80）

②部品を内製するか
購入するか → 内製か購入かの
意思決定（CASE81）

(2) 構造的意思決定

構造的意思決定とは生産する部品の種類、工場の立地や生産設備の規模など、既存の経営構造の変革にかかわる問題を解決するための意思決定をいいます。

通常この意思決定は、長期的な視点に立って意思決定が行われるのが特徴です。

この構造的意思決定については、生産設備の新設についての意思決定（これを設備投資の意思決定といいます）を中心に、CASE82以降で学習します。

既存の経営構造を全体的に再構築していきます。

意思決定のプロセスと管理会計

経営意思決定は問題を解決するための企業方針の決定であり、前ページのプロセスによって行われます。

このプロセスからわかるように経営意思決定は、将来の活動に関するさまざまな代替案の中からもっとも望ましいものを選択することです。

　上記のプロセスのうち、管理会計が役立つのは、Step 4、5の代替案の数量化・比較検討と選択においてです。代替案の数量化・比較検討にあたってはさまざまな要因が考慮されますが、なかでも重要なのは、各代替案がもたらす利益です。管理会計担当者は、各案によったときに、どれだけの利益が得られるかを計算し、経営者に報告します。経営者は、利益とあわせてほかの諸要因を考慮し、最終的に選択を行うわけです。

　試験ではStep 1〜3が問題で指示され、Step 4、5を皆さんが処理することになります。その際に重要なのは、**各代替案を比較したときに金額に差が生じるか否か**ということです。差額が生じればそれは両案の差となり、代替案に優劣がつくことになります。

　そして、最終的に企業にとって有利な代替案を選択することになります。

⇔ 問題集 ⇔
問題57

CASE 78 経営意思決定

経営意思決定における原価

経営意思決定では、どんな原価情報が必要なの？

経営意思決定ではこれまで学習してきた原価計算制度から得られる原価情報だけでは不十分で、特別な調査により別の原価情報を入手する必要があるようです。どのような情報が必要になるのでしょうか。

経営意思決定における原価とは

経営意思決定のための原価計算では、いままでの学習とは違う原価概念が用いられ、意思決定において考慮すべき原価だけを計算対象とします。

これを**関連原価**といい、次の(1)(2)の要件を満たす原価が該当します。

> ここでいう原価とは広義で用いられており、原価のほかに収益や利益を含みます。

(1) 未来原価であること

代替案の原価を計算するのは、将来の活動に関する意思決定をするためです。したがって、計算されるのは、各代替案を採用したときに発生するであろうと予測される**未来原価**だけです。これに対して、すでに発生してしまった過去原価は、意思決定において考慮する必要がないので計算の対象とはしません。

(2) 差額原価であること

代替案の原価を計算するのは、いくつかの案のうち、いずれを選択するかを決定するためです。したがって、計算されるのは、代替案ごとに金額の異なる**差額原価**だけです。これに対して、いずれの案をとっても同じだけ発生する原価は、意思決定に影響を与えないので、計算の対象とはしません。

これらの点について、具体的な数値を使用してみていきましょう。

ゴエモン㈱では余裕資金50万円の使い道として外貨預金をするか株式投資を行うか検討中です。

外貨預金は年利率6％、株式では年4％の配当が期待できます。税金、手数料等は考慮外として考えると、外貨預金として預け入れると1年後には53万円になり、株式投資すると52万円となります。これらの金額はこれから発生する未来原価となります。

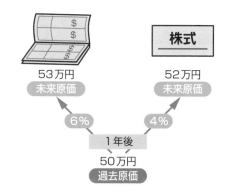

また、どちらの案に投資したとしても元手となる余裕資金50万円は変わらないので差額原価は次のようになります。

・外貨預金：53万円－50万円＝3万円（利息部分）
・株式投資：52万円－50万円＝2万円（配当部分）

これに対して未来原価でもなく、差額原価でもない原価は、**無関連原価**（狭義の無関連原価のことを特に埋没原価ともいいます）といい、意思決定においては考慮する必要はありません。

これに対し元手となる余裕資金50万円は過去原価となります。

狭義の無関連原価とは本来の原価のみで構成される原価のことです。

元手となる余裕資金50万円は過去原価であり、どちらの案に投資したとしても発生額が異ならないので無関連原価となります。

　以上より関連原価を比較すると外貨預金のほうが1万円（3万円−2万円）多くなり、外貨預金に投資したほうが有利であると判断できます。

　なお(1)未来原価であること、(2)差額原価であることの要件を満たせば**機会原価**も関連原価となります。機会原価とは、**特定の代替案を選択した場合に、得る機会をなくした最大の利益額（逸失利益）**のことをいいます。

　たとえば、ここでゴエモン㈱が外貨預金を選択した場合、株式投資による配当2万円を犠牲にして3万円の利益を得ることになり、株式投資していれば得られたはずの利益2万円は外貨預金に投資したことによって発生する機会原価となります。

　したがってこの場合も、外貨預金によって得られる3万円から株式配当の2万円を機会原価として差し引くことにより、外貨預金のほうが1万円有利であると判断できます。

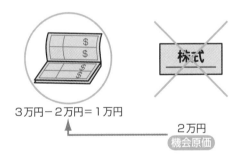

3万円−2万円＝1万円

2万円
機会原価

差額原価収益分析とは?

差額原価収益分析をしていくんだけど、差額原価はどれかな?

月給制

CASE80 から具体的な業務的意思決定の計算について学習していきますが、その際、差額原価収益分析という手法を使っていきます。そこで、まずは差額原価収益分析の分析手法について、基本的計算パターンをみておきましょう。

差額原価収益分析とは

経営意思決定を適切に行うための原価計算手法を**差額原価収益分析**といい、諸代替案の比較から生じる**差額収益**と**差額原価**から**差額利益**を計算し、有利な代替案を選択することによって分析を行います。

この差額原価収益分析の計算方法は、**総額法**と**差額法**の2つに大別することができます。

本書では、総額法をみていきます。

総額法

各代替案から生じる収益・原価をすべて列挙し、各代替案の利益を計算したうえで、それぞれを比較し、差額利益を計算する方法をいいます。

 差額利益の計算方法

　差額原価収益分析の計算には、収益・原価の両方から差が生じる場合と収益は変化せず原価だけ差が生じる場合があります。**各代替案が原価のみに影響を与える場合には差額原価のみを測定・比較して有利な案を選択する**ことになります。

変動費・固定費と関連原価・無関連原価（埋没原価）の関係

　業務執行上の意思決定は、現状の経営構造のもとでいかなる業務活動を行うかということであり、言い換えれば、業務活動量に関する用途の選択であるといえます。

　したがって多少の例外はあるものの、おおむね次の関係が成立します。

> 変動費≒関連原価
> 固定費≒無関連原価

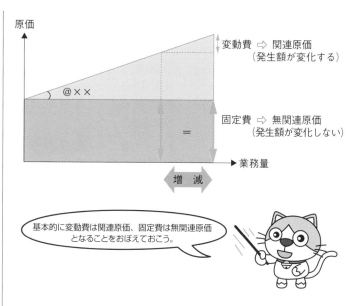

変動費 ⇨ 関連原価
（発生額が変化する）

固定費 ⇨ 無関連原価
（発生額が変化しない）

基本的に変動費は関連原価、固定費は無関連原価
となることをおぼえておこう。

　ただし、通常は直接労務費として変動費になる直接工の給与
が固定給（月給制）の場合、業務量が増加しても定時間内であ
れば金額は変化しないので無関連原価となります。
　また、部品を内製するために必要な特殊機械の年間賃借料な
ど、業務量が増加したときに固定費も増加する場合には、増加
する部分の固定費は関連原価となります。

直接労務費であっても、
無関連原価になりうるんだね。

特殊機械の年間賃借料
は固定費だけど、部品
を内製するときだけ発
生するなら、関連原価
となるんだね。

　それでは、CASE80から具体的な業務的意思決定を差額原価
収益分析により計算していきましょう。

新規注文引受可否の意思決定

依頼A

¥

仕事くれ～！
両方くれ～！

ウチの規模じゃ
片方しか受注
できませんよ！

依頼B

¥

ゴエモン㈱に、新規の注文先であるA社とB社それぞれから新規工事の引合いがありました。A社とB社のいずれの注文を引き受けた方が有利か、どのように決めればよいでしょうか？

例 次の資料にもとづいて、A社の案件とB社の案件のどちらを受注した方がよいか答えなさい。

［資　料］

	A社の案件	B社の案件
工事請負金額（完成工事高）	5,000万円	7,000万円
工事原価		
変　動　費	3,000万円	4,800万円
固　定　費	500万円	800万円
利　　　益	1,500万円	1,400万円

1. 当社には、この案件を受けるための人員や設備に余裕がある。
2. 変動費には、完成工事原価中の材料費、労務外注費、外注費、工事経費（人件費、機械等の減価償却費は除く）などが含まれている。これらは各案件を受注すれば発生し、受注しなければ発生しない。
3. 固定費には、販売費及び一般管理費、工事経費中の人件費、機械等の減価償却費が含まれている。これらは各案件を受注してもしなくても、その総額は変わらない。

● 新規注文引受可否の意思決定とは

　企業は顧客からの引合いがあればこれを受注するか否かを決めなければなりません。そこで新規の顧客から新規の条件で注文（案件）があった場合に、これを受注するか否かについての判断を行う意思決定を**新規注文引受可否の意思決定**といいます。

　この場合、新規に注文（案件）を引き受けることによって追加的に発生する収益と原価、すなわち差額収益と差額原価を比較して差額利益を計算し、新規注文（案件）の引受けにより差額利益が生じるならば、その注文（案件）は引き受けるべきであると判断することになります。

　それでは、具体的に計算していきましょう。

　総額法では、まず注文（案件）を引き受ける場合の利益を総額で計算します。その結果、注文（案件）を引き受ける場合に利益が出るのであれば注文（案件）を引き受け、そうでなければ新規注文（案件）は断ると判断します。

　注文を引き受ける場合と断る場合とで収益、原価に差額の生じるものが関連収益、関連原価となります。

　複数の代替案がある場合、それぞれの代替案の差額利益を列挙し、一番有利な代替案を選択します。

CASE80の関連収益・関連原価
　関連収益：完成工事高（工事請負金額）
　関連原価：変動工事原価

　関連収益、関連原価は代替案ごとに発生額が異なるので、注文を引き受ける場合から断った場合を差し引くと差額が生じます。これを差額収益、差額原価といいます。

　また、両代替案で発生額が同じで差額が生じない収益と原価が無関連収益および無関連原価（埋没原価）となります。

	A社の案件	B社の案件
差額収益	5,000万円	7,000万円
差額原価		
変動費	3,000万円	4,800万円
差額利益	2,000万円	2,200万円

CASE80の業務的意思決定

　以上より、A社の注文を引き受ける場合の差額利益が2,000万円、B社の注文を引き受ける場合の差額利益が2,200万円となり、B社の注文を引き受ける場合の利益のほうが200万円大きいので、B社の注文を引き受けるほうが有利であると判断されます。

業務的意思決定の総合問題

内製か購入かの意思決定

工場の稼働に余裕があるから、自社で部品を作ってみようかな。

ゴエモン(株)

ゴエモン㈱では建設資材Pを生産しており、この建設資材Pの生産のためには部品Qが必要です。

これまで外部の企業から部品Qを購入していましたが、機械時間に遊休が生じたので自社の工場で作ることを検討中です。どちらが安くできるのか差額原価収益分析で意思決定を行うことになりました。

例 次の資料にもとづいて、各問に答えなさい。

［資　料］

1. 建設資材P製造部門において、建設資材P1つを製造するのに要する製造原価は次のように予定されている。

直接材料費		4,000円
直接労務費	500円/時×4時間 =	2,000円
製造間接費	300円/時×4時間 =	1,200円
計		7,200円

2. 製造間接費変動予算は次のとおりである。

   ①変動費率　　　　　　　　125円/時
   ②年間固定製造間接費予算　3,500,000円
   ③年間正常機械稼働時間　　20,000時間

3. さて、次年度の予算編成において、建設資材P製造部門で年間200機械稼働時間の遊休が生じることが見込まれた。そこでこの遊休時間を利用して現在外部企業から購入している部品Qを内製すべきかどうか問題となった。

4．部品Qの年間必要量は100個であり1個の製造には2直接作業時間および2機械稼働時間を必要とする。現在労働力には余裕がないので、部品Qを内製する場合には臨時工（350円／時）を雇って部品Qの内製にあてる。また、部品Qの直接材料費は1個あたり2,200円と見積られる。

5．従来どおり外部購入する場合には、部品Qは1個あたり3,250円で購入できる見込みである。

［問1］　上記の資料にもとづき、部品Qは内製と購入のどちらが有利であるかを判断しなさい。

［問2］　次の条件を追加したとき、部品Qの年間必要量が何個以上であれば内製（または購入）が有利となるか判断しなさい。

6．部品Qの内製には特殊機械が必要であり、その年間賃借料は9,000円である。

🔴●内製か購入かの意思決定

　企業が自社で製造している建設資材に取り付ける部品を調達するとき、自社で作るか、外部から購入するかの2つの方法が考えられます。

　企業の所有する生産能力に遊休が生じている場合、従来は外部から購入していた必要部品を、遊休生産能力を利用して自社で作るべきか、あるいは従来どおり外部企業より購入すべきかのいずれかを選ぶ問題を**内製か購入かの意思決定**といいます。

　この意思決定に際しては内製したときと購入したときの部品の原価を計算して、いずれか安くすむほうを選びます。問題は、それぞれの場合の原価をどのように計算するかという点にあります。

部品をどのように調達するかの判断なので収益は関係しません。

外部から購入

自社で作る

内製・購入それぞれの原価を計算して比較しよう！

　内製か購入かの意思決定は遊休生産能力の利用に関する問題であるため、まずはじめに、意思決定の計算対象となる部品の数量を確認します。

CASE81［問1］の内製可能量

200時間÷2時間／個＝100個
遊休生産能力

　したがって、遊休時間200時間を使って部品Qの必要量100個をすべて内製しようと思えばできることになります。

〈出題のポイント〉
内製・購入の意思決定

CASE81では遊休時間が200時間あり、部品Qの必要量100個はすべて内製可能ですが、たとえば遊休時間が150時間しかなければ

150時間÷2時間／個＝75個
遊休生産能力　　　　　　内製可能量

となり75個しか内製できないので、残り25個については内製案を選択しても購入せざるをえないことになります。したがって、この場合には25個の購入原価は無関連原価となり、内製75個分の原価と購入75個分の原価を比較することになります。

　部品Q100個はすべて内製可能と判断できれば、次に、部品

Q100個を内製することで追加的に発生する原価と、外部から100個購入することで追加的に発生する原価を比較し、どちらのほうが原価が低くなるかで意思決定を行うことになります。

〈出題のポイント〉
内製・購入の意思決定

内製か購入かの意思決定は遊休生産能力の有効利用の問題であり、所有する既存の生産能力を利用するかぎり、固定製造間接費の発生額は変化しません。したがって、固定製造間接費はこの意思決定においては無関連原価（埋没原価）となることに注意してください。よってCASE81において関連原価となるものは、部品Q100個分の変動製造原価と100個分の購入原価となります。

	部品Q100個を内製する案	部品Q100個を購入する案	差　額
変動製造原価			
直 接 材 料 費	220,000円*1	――	220,000円
直 接 労 務 費	70,000円*2	――	70,000円
変動製造間接費	25,000円*3	――	25,000円
購 入 原 価	――	325,000円*4	(325,000円)
	315,000円	325,000円	(10,000円)

* 1　2,200円/個×100個＝220,000円

* 2　350円/時×2時間×100個＝70,000円
　　　臨時工の賃率

* 3　125円/時×2時間×100個＝25,000円
　　　製造間接費
　　　（変動費率）

* 4　3,250円/個×100個＝325,000円

CASE81［問1］の業務的意思決定

　以上より、部品Qを内製するほうが外部から購入するより10,000円だけ原価が低く有利であると判断されます。

特殊機械の賃借料の取扱い

部品Qを内製する場合には特殊機械が必要であり、その年間の賃借料9,000円は固定製造間接費です。

外注する場合には発生しない原価なので、内製する案の関連原価となります。

したがって［問2］においては、変動製造原価と機械賃借料を合計した内製原価と、購入原価を比較して意思決定することになります。

なお、本問は優劣分岐点を計算する問題であり、次のように計算していきます。

CASE81［問2］の関連原価発生額

追加条件である機械賃借料をふまえたうえで、部品Qの年間必要量をX個としたときの関連原価発生額は次のようになります。

	部品Qを内製する案	部品Qを購入する案
変動製造原価		
直接材料費	@2,200円×X個	
直接労務費	@ 700円×X個	
変動製造間接費	@ 250円×X個	
機械賃借料	9,000円	
購入原価		@3,250円×X個
	3,150 X + 9,000円	3,250 X円

そこで「内製案の関連原価 ＜ 購入案の関連原価」となる X の範囲を求めて解答します。

CASE81［問2］の内製のほうが有利となる年間必要量

$$3,150 X + 9,000 < 3,250 X$$
$$9,000 < 100 X$$
$$\therefore 90 < X$$

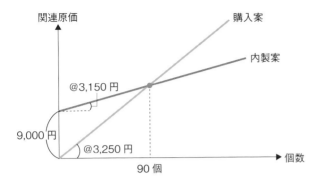

CASE81［問2］の業務的意思決定

　以上より、部品Qの年間必要量が91個以上であれば、内製案の関連原価が低くなり、有利であると判断されます。

〈出題のポイント〉
内製案と購入案の優劣分岐点の表示

CASE81［問2］では「91個以上であれば」と解答しましたが、問題の問われ方によって数値が異なる場合があるので注意してください。
たとえば、優劣分岐点が90個であるときの解答要求には次のパターンがあります。
　①　部品Qの年間必要量が（　　）個以上であれば $\left\{ \begin{array}{c} 内製 \\ 購入 \end{array} \right\}$ が有利である。
　②　部品Qの年間必要量が（　　）個より多ければ $\left\{ \begin{array}{c} 内製 \\ 購入 \end{array} \right\}$ が有利である。
まず、①のように「○○個以上」という場合には○○の数値も含まれてしまうため、優劣を示すための解答は「91個以上」となります。
次に、②のように「○○個より多ければ」という場合には○○の数値は含まれないため、優劣を示すための解答は「90個より多ければ」となります。

⇔ 問題集 ⇔
問題58

設備投資の意思決定とは?

設備投資の意思決定は、これまで学習した業務的意思決定とどこが変わってくるんだろう。

ゴエモン㈱では最新機械を導入するかどうか迷っています。このような固定資産の投資判断に関する問題にはどのような特徴があるのか具体的にみていきましょう。

業務的意思決定と構造的意思決定

CASE80、81で学習した業務的意思決定は日常の業務を遂行するにあたっての意思決定でした。それに対して、CASE84～87で学習するのは構造的意思決定です。まずはこの2つを比較してみましょう。

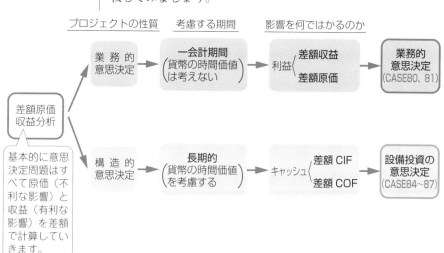

プロジェクトの性質　考慮する期間　影響を何ではかるのか

差額原価
収益分析

業務的
意思決定
→
一会計期間
（貨幣の時間価値
は考えない）
→
利益 { 差額収益
差額原価
→
業務的
意思決定
(CASE80、81)

基本的に意思決定問題はすべて原価（不利な影響）と収益（有利な影響）を差額で計算していきます。

構造的
意思決定
→
長期的
（貨幣の時間価値
を考慮する）
→
キャッシュ { 差額CIF
差額COF
→
設備投資の
意思決定
(CASE84～87)

設備投資の意思決定とは

構造的意思決定とは、企業の業務構造自体に変更をもたらすような意思決定をいい、長期的視点に立って行われる点に特徴があります。企業の業務構造に関する計画は、中長期の経営計画の一環として策定されますが、このうち設備の新設、取替えなど生産・販売に使用される固定資産への投資に関するものを**設備投資の意思決定**といいます。

設備投資計画を実行するには、一度に多額の資金を必要とし、また、いったん実行してしまうと、数年間は計画の遂行に資金の用途が拘束されてしまうため、安易に投資を実行してしまうと、場合によっては、企業の命運を左右しかねない問題となってしまいます。

そこで、立案された設備投資計画について、その計画全体での採算性をあらかじめ評価して、採用する価値があるかどうかを判断する必要があるのです。

> 構造的意思決定の中でも設備投資の意思決定が試験上重要なので、ここでは設備投資の意思決定について学習していきます。

採算はあうのかな？

設備投資の意思決定の特徴

設備投資の意思決定には(1)〜(4)のような特徴があります。

(1) 全体損益計算

設備投資の意思決定では、その投資案の始点（取得）から終点（除却または売却）までの全期間（これを**経済的耐用年数**といいます）を計算対象とした全体損益計算を行います。

(2) **キャッシュ・フロー**

　全体損益計算のもとでは、収益総額＝現金収入額、費用総額＝現金支出額という関係が成立するため、設備投資の意思決定計算では収益と費用ではなく**現金の収支（現金流出入額）**により計算を行います。

> ### キャッシュ・フロー
>
> 現金収入額＝現金流入額（ＣＩＦ：キャッシュ・イン・フロー）
> 現金支出額＝現金流出額（ＣＯＦ：キャッシュ・アウト・フロー）

(3) **貨幣の時間価値**

　設備投資の意思決定では、その計算期間が長期間にわたるため、原則として**貨幣の時間価値**を考慮して計算を行います。

(4) **差額原価収益分析**

　経営意思決定のための計算は基本的に**差額原価収益分析**により行います。そこで設備投資の意思決定計算では、将来発生すると予想される現金収支のうち、ある投資案を採用する場合と採用しない場合とを比較して、そこから生じる現金収支の差額（**差額キャッシュ・フロー**）によって意思決定を行います。

「全体損益計算」と「期間損益計算」

　設備投資の計算は、その投資案の全期間（経済的耐用年数）での採算性を計算するのが目的です。

　　5年間使用し、収益をあげる

〈5年間のトータル〉
総売上（総収入）　5億円
総費用（総支出）　4億円
利　益（純収入）　1億円

このとき、期間損益を考えず5年間全体で考えると、この投資案のために要したコストは最終的にすべて現金で支出され、同じく売上高はすべて現金収入となるので、総売上＝総収入、総費用＝総支出となります。

　このような考え方を**全体損益計算**といい、全体損益計算では、収益や費用の概念ではなく、ダイレクトに現金の収支で考えればよいのです。

　たとえば、設備投資の計算では、次のような資料が問題でよく出されますが、これらは、それぞれの発生年度のキャッシュ・イン・フローとしてそのまま計上すればよいのです。

　これに対して、通常行われている財務会計の計算は、「継続企業」を前提としています。企業活動の最終的な成果は、企業を清算してみなければ判明しないため、継続企業では、期間を人為的に区切ることにより期間利益を算定しています。

　したがって、この場合には、収益や費用を「どの期間に帰属させるか？」が重要になります。

● 設備投資のプロセスと管理会計

　設備投資は一般に次のプロセスによって進められます。

Step 1 目的の明確化

　まず、設備投資によって達成しようとする目的をはっきりさせます。具体的には生産能力の拡張や省力化などがあげられます。

Step 2 設備投資案の探索

　次に目的にかなう設備投資案を作成します。たとえば「生産能力を拡張する」という目的ひとつをとっても、新工場を建設するのか、現在の工場を拡張するのか、機械設備としては何を備えるのか、機械設備は購入するのか、自製するのか、実にさ

まざまな選択肢があります。これらの点について検討し、いくつかの代替案にまとめあげます。

Step 3 設備投資案の評価と選択

Step 2で作成した各設備投資案についてさまざまな観点から評価してもっとも有利な案を選択します。

Step 4 資金調達

設備投資には巨額の資金が必要ですから、増資、社債、借入金などによって調達します。

Step 5 実　行

最後に、設備投資案を実行に移します。

以上の設備投資のプロセスのうち、もっとも重要でむずかしいのはStep 3の設備投資案の評価と選択です。この意思決定は、ときに企業の死活問題となることがあります。うまくいけば長期にわたって好業績がもたらされますが、失敗したときの損失も大きくなるからです。しかも、いったん投資がなされると簡単に変更することはできないので、投資時点で慎重に決定することが求められます。

そこで、設備投資案の評価と選択に必要な会計データを提供するのが管理会計の役割であり、試験上もStep 1とStep 2が問題で指定され、Step 3を処理することになります。

この設備投資案の評価と選択のことを設備投資の意思決定といいます。

282

設備投資の意思決定

貨幣の時間価値

貨幣の時間価値ってなんだろう…。

CASE82で学習したように、設備投資の意思決定の計算では計算期間が長期間にわたるので、貨幣の時間価値を考慮して計算していきます。

例 次の資料にもとづいて、各問に答えなさい。なお、解答数値は万円未満の端数を四捨五入すること。

〔資 料〕

年利率5％の現価係数は次のとおりである。

    1年　0.9524
    2年　0.9070
    3年　0.8638

〔問1〕 現時点で保有する1,000万円を年利率5％の複利で3年間運用した場合の3年後の元利合計（終価）を求めなさい。

〔問2〕 3年後に収入が予定される1,000万円の現在価値を計算しなさい。ただし年利率5％とする。

〔問3〕(1) 年利率5％における3年間の年金現価係数を計算しなさい。

(2) 第1年度より各年度末に1,000万円ずつ合計3年間の収入が予定される場合の現在価値を計算しなさい。

貨幣の時間価値

　時の経過により貨幣価値が増えることを**貨幣の時間価値**といいます。たとえば、いま所有している10,000円を銀行に預ければ1年後には利息分だけ価値が増加するので、現在の10,000円と1年後の10,000円とでは時間価値相当額だけその価値が異なってきます。

　設備投資の意思決定は、計算期間が長期にわたるため、貨幣の時間価値を考慮して計算していきます。

複利計算と終価係数

　資金を銀行などに預けると、通常、利息は利払日ごとに元金に繰り入れられます。

　したがって、2回目の利息を計算する際には、元金に1回目の利息を加えた額を新たな元金として計算することになります。

　このように、利息にも利息がつくような計算を**複利計算**といいます。

　そこで、現在の資金（S_0円とします）を複利で銀行などへ預けた場合の、n年後の金額（元利合計。**終価**ともいいます）をS_n円とすると、次のような計算式で表すことができます。

> この（1＋利率）^{n}を終価係数といい、利殖係数、複利元利率ともいわれます。

$$現時点のS_0円のn年後の価値をS_n円とすると、$$
$$S_n = S_0 \times (1＋利率)^n$$

以上より、CASE83について計算してみましょう。

CASE83［問1］の元利合計

終価係数を用いて計算すると次のようになります。

1,000万円 × $(1 + 0.05)^3$ = 1,157.625万円 → 1,158万円

〈タイムテーブル〉　　　　　　　　　　　　　　　　（単位：万円）

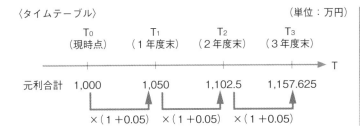

割引計算と現価係数

　貨幣の現在の価値を**現在価値**といい、一定期間後の価値を**将来価値**（**終価**ともいいます）といいます。

　ここで複利計算とは逆に、将来価値を現在価値に引き戻すことを**割引計算**といい、現在価値に引き戻すために使用する係数のことを**現価係数**といいます。

　そこで、n年後のS_n円の現在価値をS_0円とすれば、次のような計算式で表すことができます。

> n年後のS_n円の現在価値をS_0円とすると、
> $$S_0 = S_n \times n年後の現価係数$$

この現価係数は $\dfrac{1}{（1＋利率）^n}$ で計算することができ、前述の終価係数の逆数になります。

　以上より、CASE83について計算してみましょう。

CASE83［問2］の現在価値

　資料にある年利率5％の3年目の現価係数を用いて計算すると次のようになります。

　1,000万円×0.8638 ＝ 863.8万円 → 864万円
　　　　　　　　<u>現価係数</u>

〈タイムテーブル〉　　　　　　　　　　　　　　　　（単位：万円）

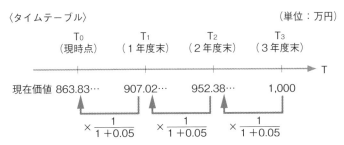

なお、年利率５％の現価係数は次の計算で算定されます（小数点以下第５位四捨五入）。

$$1年後 = \frac{1}{1 + 0.05} \fallingdotseq 0.9524$$

$$2年後 = \frac{1}{(1 + 0.05)^2} \fallingdotseq 0.9070$$

$$3年後 = \frac{1}{(1 + 0.05)^3} \fallingdotseq 0.8638$$

● 年金現価係数

何年にもわたって毎年一定額を受け取る（または支払う）ことを**年金**といいます。このように毎年一定額の現金収支がある場合の現在価値はどのように求めたらよいのでしょうか。

毎年の金額を一つ一つ割引計算をしていくのは面倒です。そこで、一括して現在価値に割引計算をする場合があります。

このときに使用する係数を**年金現価係数**といい、１年後からn年後までの現価係数を合計して求められます。

> この年金現価係数は $\frac{1-(1+利率)^{-n}}{利率}$ として計算することができます。

> n年間にわたり、毎年受け取るS_n円の現在価値をS_0円とすると、
> $$S_0 = S_n \times n年後の年金現価係数$$

以上により、CASE83について計算してみましょう。

CASE83［問３］の年金現価係数と現在価値

(1) 年金現価係数

年金現価係数は１年後からn年後までの現価係数の合計として求められます。

　１年間の場合 ＝ 0.9524

　２年間の場合 ＝ 0.9524 + 0.9070 = 1.8594

　３年間の場合 ＝ 0.9524 + 0.9070 + 0.8638 = 2.7232

(2)　**現在価値**

　$1{,}000$ 万円 $\times 0.9524 + 1{,}000$ 万円 $\times 0.9070 + 1{,}000$ 万円 $\times 0.8638$

　$= 1{,}000$ 万円 $\times (0.9524 + 0.9070 + 0.8638)$

　$= 1{,}000$ 万円 $\times 2.7232$〈年金現価係数〉

　$= 2{,}723.2$ 万円 $\rightarrow$ 2,723 万円

〈タイムテーブル〉　　　　　　　　　　　　　　　　　（単位：万円）

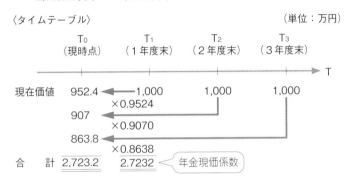

　設備投資の意思決定においては、現在、設備投資を行ったならば、将来、どのくらいの経済的効果を得られるかについて、キャッシュ・フローにより測定し、意思決定を行います。

　具体的には、設備投資を行った場合に生じる**将来のキャッシュ・フローを確定**し、それを**現在価値に割り引き**、その**現在価値と現時点で投資する金額を比較**して意思決定を行います。

　このように設備投資の意思決定においては、将来価値を現在価値に割り引く割引計算が必要不可欠となります。

設備投資の意思決定では現時点で投資するかどうかの意思決定を行うので、複利計算よりも、割引計算の考え方が重要となるんだね。

CASE 84 設備投資の意思決定

設備投資の意思決定の評価モデル
〜時間価値を考慮する方法

設備投資の意思決定計算では、投資案の始点から終点までに発生するキャッシュ・フローデータを予測し、意思決定の評価モデルにあてはめて経済性を評価し、投資するか否かの判断を下すことになります。

その評価モデルにはどのようなものがあるのかみていきましょう。

例 次の資料にもとづいて、各問に答えなさい。なお、計算途中で生じる端数は処理せずに計算すること。

[資 料]

ゴエモン㈱では次の新規設備投資案を検討中である。

1. 設備投資額　　　　　　　　10,000万円
2. 投資案の予想貢献年数　　　3年
3. この投資案を採用した場合に生じる年々のキャッシュ・イン・フロー

第1年度	第2年度	第3年度
3,400万円	4,200万円	3,200万円

4. 3年経過後の設備の処分価値は、800万円と予測される。
5. 資本コスト率は年6%である。
6. 法人税等は考慮しない。
7. 現価係数は次のとおりである。

	5%	6%	7%	8%	9%	10%
1年	0.9524	0.9434	0.9346	0.9259	0.9174	0.9091
2年	0.9070	0.8900	0.8734	0.8573	0.8417	0.8264
3年	0.8638	0.8396	0.8163	0.7938	0.7722	0.7513

［問1］ 正味現在価値法（正味現在価値は万円未満の端数を四捨五入する）により投資案の評価を行いなさい。

［問2］ 内部利益率法（内部利益率は％未満の第3位を四捨五入する）により投資案の評価を行いなさい。

意思決定の評価モデルの分類

　設備投資の意思決定の評価モデルとは、設備投資案の優劣を評価する方法であり、次に示すような方法があります。

　本来、設備投資の意思決定においては時間価値を考慮した計算を行うべきですが、実務上は簡便性を考慮して時間価値を考慮しない計算方法を採用することもあります。

```
┌──────────────────┐      ┌ ・正味現在価値法
│ 時間価値を考慮する方法 │ ─┤
└──────────────────┘      └ ・内部利益率法


┌──────────────────┐      ┌ ・単純回収期間法
│ 時間価値を考慮しない方法 │ ─┤
│      （簡便性）      │      └ ・単純投下資本利益率法
└──────────────────┘
```

　このうち、CASE84では時間価値を考慮する方法について学習し、次のCASE85で時間価値を考慮しない方法について学習していきます。

正味現在価値法

正味現在価値法（net present value method；NPV）とは、投資によって生じる毎年のネット・キャッシュ・フローを割り引いた現在価値合計から、投資額を差し引いて、その投資案の**正味現在価値**を計算し、正味現在価値のより大きな投資案を有利と判定する方法をいいます。

ここで、ネット・キャッシュ・フローとは、キャッシュ・イン・フローからキャッシュ・アウト・フローをマイナスしたキャッシュ・フローの純額のことで、NETと表されます。

なお、設備投資の資金には資本コストがかかっているため、キャッシュ・フローの割引率には資本コスト率を使用します。

資本コストとは、企業が経営活動を行うために投下される資金に必要なコストのことをいい、資本コスト率とは、その投下される資金に対する資本コストの割合をいいます。

$$\text{投資案の正味現在価値} = \text{毎年のネット・キャッシュ・フローの現在価値合計} - \text{投資額}$$

また、キャッシュ・フロー状況を把握し、正味現在価値を算定するために、次のようなキャッシュ・フロー図を利用します。

〈キャッシュ・フロー図〉

実際の作り方は次のStep 1〜でみていきます。

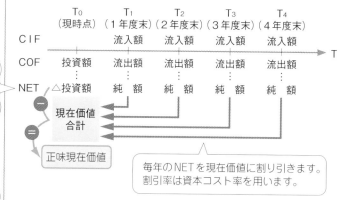

毎年のNETを現在価値に割り引きます。割引率は資本コスト率を用います。

正味現在価値では、一般的に正味現在価値がプラスであればその投資案は有利と判定し、逆に正味現在価値がマイナスであれば不利と判定します。

A案・B案どちらかを採用するような意思決定を相互排他的投資案の意思決定といいます。

しかし、A案とB案のどちらかを選択するか決定するような場合、キャッシュ・フローの認識の仕方によって有利な投資案であっても正味現在価値がマイナスになるケースもあります。

この場合にはマイナスの数値のより小さい投資案が有利と判定されることになります。

それではCASE84について正味現在価値法で投資案を評価してみましょう。

CASE84 [問1] の正味現在価値法

Step 1 キャッシュ・フロー状況の把握

まずは毎年のキャッシュ・フローの状況を把握します。その際タイムテーブルを作って上側にキャッシュ・イン・フロー（CIF❷、❸）を、下側にキャッシュ・アウト・フロー（COF❶）を書き込んでいきます。そしてキャッシュ・イン・フローからキャッシュ・アウト・フローを差し引いて、ネット・キャッシュ・フロー（NET❺）を計算します。

Step 2 現在価値合計の算定

次に、ネット・キャッシュ・フローに資本コスト率6％の現価係数を掛けて現在価値に割引計算し、現在価値合計を計算します。

Step 3 正味現在価値の算定

Step 2で計算した現在価値合計から投資額を差し引いて、正味現在価値（NPV❹）を求め、投資判断を行います。

〈キャッシュ・フロー図〉　　　　　　　　　　　　　　　　（単位：万円）

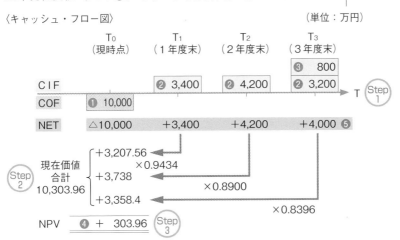

❶ 初期投資額

COF　10,000万円（資料1より）

❷ 投資による年々のキャッシュ・イン・フロー

CIF　1年度　3,400万円（資料3より）

CIF　2年度　4,200万円（資料3より）

CIF　3年度　3,200万円（資料3より）

❸ 残存処分価値

CIF　800万円（資料4より）

❹ 正味現在価値

3,400万円×0.9434＋4,200万円×0.8900＋4,000万円×0.8396

－10,000万円＝＋303.96万円　→　＋304万円

　以上より、正味現在価値が304万円と計算されプラスとなる
ため、この投資案は採用すべきと判断されます。

キャッシュ・フローの認識時点

　設備投資の意思決定の計算では、初期投資（固定資産の取得な
ど）は現時点において行われ、その投資の成果としてのキャッ
シュ・フローは各年度末に生じると仮定して計算していきます。

内部利益率法

　内部利益率法とは、投資によって生じる年々のネット・
キャッシュ・フローの現在価値合計と、投資額（の現在価値）
とが、ちょうど等しくなる割引率、すなわち、その投資案の正
味現在価値がゼロとなる割引率を求め、内部利益率がより大き
な投資案ほど有利と判定する方法です。

> これを内部利益率
> といいます。

> 投資案の内部利益率＝正味現在価値がゼロになる割引率

〈キャッシュ・フロー図〉

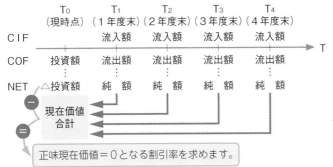

正味現在価値法が時間価値を考慮した投資からもたらされる利益額を計算する方法であるのに対し、内部利益率法は、時間価値を考慮した投資案の投資利益率を計算する方法といえます。

このことより、投資案が独立投資案である場合には、内部利益率が最低所要利益率である資本コスト率よりも大きければ、その投資案は有利であるから採用すべきと判定し、逆に内部利益率が資本コスト率よりも小さければ、その投資案は不利であるから棄却すべきと判定されます。

内部利益率 ＞ 資本コスト率……有利
内部利益率 ＜ 資本コスト率……不利

それでは内部収益率法でCASE84の投資案を評価してみましょう。

CASE84［問2］の内部利益率法

Step 1 内部利益率の推定

内部利益率は通常、割り切れない数値となるので、まず内部利益率の概算値を推定していきます。CASE84の資料7の現価係数表は5％〜10％まで与えられているので、中間点の7％、8％あたりから割引計算をはじめて、正味現在価値がゼロに近づく割引率を試行錯誤で計算していきます。

(1)　7％での正味現在価値

・正味現在価値：3,400万円 × 0.9346 + 4,200万円 × 0.8734
　　　　　　　　＋ 4,000万円 × 0.8163 − 10,000万円
　　　　　　　　＝ ＋ 111.12万円

正味現在価値がプラスとなるため、求める割引率は7％より高くなります（→8％へ進む）。

(2)　8％での正味現在価値

・正味現在価値：3,400万円 × 0.9259 + 4,200万円 × 0.8573
　　　　　　　　＋ 4,000万円 × 0.7938 − 10,000万円
　　　　　　　　＝ △76.08万円

正味現在価値がマイナスとなるため、求める割引率は8％より低くなります。

以上より、内部収益率（正味現在価値がゼロとなる割引率）は7％～8％の間のどこかにあることがわかりました。

Step 2　内部利益率の算定

Step 1より、この投資案は7％と8％の間で正味現在価値がプラスからマイナスに転じるため、求めたい内部利益率は7％と8％の間に存在することがわかりました。そこで、次に**補間法**で、小数点以下の数値を計算し、正確な内部利益率を求めて投資判断を行うことになります。

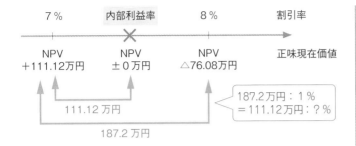

割引率7%の正味現在価値は111.12万円のプラスであり、あと111.12万円減らせば正味現在価値はゼロになります。また、割引率を7%から8%へと1%大きくすると正味現在価値は187.2万円小さくなるので、この金額の割合を利用して正確な内部利益率を算出していく方法を補間法といいます。

・$7\% + \dfrac{111.12万円}{187.2万円}(=0.5935\cdots)\% = 7.5935\cdots\% \rightarrow 7.59\%$

以上より、内部利益率は7.59%と計算され、資本コスト率6%より大きくなるので、この投資案は採用すべきと判断されます。

内部利益率法はまず内部利益率の概算値を推定してから、補間法により計算していくんだね。内部利益率の概算値は問題の資料の現価係数表のだいたい中間点から始めていくと、比較的早くみつかることが多いよ。

85

設備投資の意思決定の評価モデル ～時間価値を考慮しない方法

貨幣の時間価値を考えずに、設備投資の意思決定はできないのかな。

次は、貨幣の時間価値を考慮しない設備投資の意思決定の評価モデルについてみていきましょう。

例 　次の資料にもとづいて、各問ごとに投資案の評価を行いなさい。 なお計算途中で生じる端数は処理せず計算し、解答段階で各問の 指示に従うこと。

[資　料]

1．ゴエモン㈱では次の3つの案の新規設備投資案を検討中である。

	A　案	B　案	C　案
設備投資額	91,276万円	151,632万円	83,946万円
予想貢献年数	5年	5年	5年
残存価額	10,000万円	15,000万円	8,000万円

2．この投資案を採用した場合に生じる年々のキャッシュ・イン・フロー。

	A　案	B　案	C　案
1年目	15,000万円	30,000万円	25,000万円
2年目	16,000万円	35,000万円	30,000万円
3年目	20,000万円	40,000万円	31,000万円
4年目	18,000万円	37,000万円	29,000万円
5年目	21,000万円	43,000万円	27,000万円

3．法人税等は考慮しない。

単純回収期間法とは

単純回収期間法とは、次に示す式で投資額をどのくらいで回収できるか（回収期間）を計算し、回収期間の短い投資案を有利とする方法です。

$$投資の回収期間 = \frac{投資額}{投資から生じる年間平均予想増分純現金流入額}$$

単純回収期間法は、時間価値を考慮しないため、投資の意思決定モデルとしては不完全な方法ですが、投資案の安全性を簡単に判断することができるという特徴があります。

以上より、単純回収期間法によって投資案を評価すると次のようになります。

CASE85 [問1] の単純回収期間法

A案の回収期間：

$$\frac{91,276万円}{\{15,000万円 + 16,000万円 + 20,000万円 + 18,000万円 + (21,000万円 + \underset{残存価額}{10,000万円})\} \div 5年}$$

$$= 4.5638年 \ \rightarrow \ 4.6年$$

B案の回収期間：

$$\frac{151,632万円}{\{30,000万円 + 35,000万円 + 40,000万円 + 37,000万円 + (43,000万円 + \underset{残存価額}{15,000万円})\} \div 5年}$$

$$= 3.7908年 \ \rightarrow \ 3.8年$$

資料に処分価値が書いていない場合には、予想貢献年数経過時に残存価額で売却処分されるものと仮定します。予想貢献年数経過時に残存価額を加えるのを忘れないようにしましょう。

C案の回収期間：

$$\frac{83,946万円}{\{25,000万円+30,000万円+31,000万円+29,000万円+(27,000万円+\underset{残存価額}{8,000万円})\}÷5年}$$

$$=2.7982年 → 2.8年$$

以上より、A案は4.6年、B案は3.8年、C案は2.8年と計算され、C案がもっとも回収期間が短く有利な投資案であると判断されます。

● 単純投下資本利益率とは

単純投下資本利益率法とは、次に示す式で単純投下資本利益率を計算し、それが大きなほうの投資案を有利とする方法です。

$$単純投下資本利益率=\frac{(増分純現金流入額合計-投資額)÷予想貢献年数}{投資額}×100$$

なお、投下資本利益率法には、投資額が減価償却によって毎年回収できることから平均的には投資額の半分が未回収として残っていると考え、分母の投資額を「投資額÷2」とする単純平均投下資本利益率という方法もあります。

$$単純平均投下資本利益率=\frac{(増分純現金流入額合計-投資額)÷予想貢献年数}{投資額÷2}×100$$

以上より、単純投下資本利益率法によって投資案を評価すると次のようになります。

▌CASE85［問2］の単純投下資本利益率法

A案の単純投下資本利益率：

$$\frac{\{15,000万円+16,000万円+20,000万円+18,000万円+(21,000万円+10,000万円)-91,276万円\}÷5年}{91,276万円}×100$$

$$=1.9115…\% → 1.91\%$$

（左側注釈）
投下資本とは、経営活動を行うために投下した資本のことをいい、投下資本利益率は、その投下した資本でどれだけ効率的に利益を上げているかを表す指標をいいます。
また、「単純」というのは時間価値を考慮しないという意味です。

Ｂ案の単純投下資本利益率：

$$\frac{|30{,}000\,万円+35{,}000\,万円+40{,}000\,万円+37{,}000\,万円+(43{,}000\,万円+15{,}000\,万円)-151{,}632\,万円|\div5\,年}{151{,}632\,万円}\times100$$

$= 6.3796\cdots\% \ \rightarrow \ 6.38\%$

Ｃ案の単純投下資本利益率：

$$\frac{|25{,}000\,万円+30{,}000\,万円+31{,}000\,万円+29{,}000\,万円+(27{,}000\,万円+8{,}000\,万円)-83{,}946\,万円|\div5\,年}{83{,}946\,万円}\times100$$

$= 15.7372\cdots\% \ \rightarrow \ 15.74\%$

以上より、Ａ案は1.91％、Ｂ案は6.38％、Ｃ案は15.74％と計算され、Ｃ案の単純投下資本利益率がもっとも大きく、有利な投資案であると判断されます。

問題集
問題59

タックス・シールドとは？

これまでのキャッシュ・フローの計算では法人税の支払いを無視して考えてきましたが、実際には法人税の支払いを考慮しなければなりません。法人税の支払いを考慮するとキャッシュ・フローにどのような影響を与えるのでしょうか。

特に減価償却費などの非現金支出費用の法人税に与える影響が重要となるので具体的にみていきましょう。

タックス・シールドってなんだろう？

法人税

税務署

例 ゴエモン㈱では設備投資案Aを採用するか検討中である。次の条件下における増分キャッシュ・フローを求めなさい。

［問1］設備投資案Aを採用すると、新たに完成工事高が10,000円増加するが、それにともなって材料などの現金支出費用が6,000円増加する。

ここで、法人税率が40％であるとして、法人税を考慮に入れた場合の増分キャッシュ・フローを求めなさい。

［問2］［問1］に次の条件を追加する。

設備投資案Aを採用したとき、減価償却費が1,000円増加した。このときの税引後の増分キャッシュ・フローを求めなさい。

● 増分キャッシュ・フローと会計上の利益

> このことを、毎年の経済的効果といいます。

　設備投資の意思決定計算で必要とする毎年のキャッシュ・フロー情報は、その設備投資案を採用すれば将来新たに発生する

と予想される現金流入額と現金流出額（すなわち増分キャッシュ・フロー）に関するデータです。

　しかし、設備投資案の採用により毎年得られる税引後純現金流入額の増加分と会計上の税引後当期純利益の増加分とは通常一致しないので注意しなければなりません。

　その原因としては、減価償却費などの非現金支出費用が法人税支払額へ与える影響をあげることができます。

● 法人税等による増分キャッシュ・フロー

　ある設備投資案を採用すると、新たに完成工事高が増加しますが、それにともなって材料費などの現金支出費用も増加します。

　その結果、課税対象となる利益（純収入）の増加分に税率を掛けた額だけ、法人税支払額も増加します。

損益計算書　　　　　　　　　　　　　増分キャッシュ・フローの把握

完成工事高	10,000円	→	（現　　　金）10,000（完成工事高）10,000（CIF　10,000円）
現金支出費用	6,000	→	（現金支出費用）6,000（現　　　金）6,000（COF　6,000円）
税引前利益	4,000円	法人税率 ×40% →	（法　人　税）1,600（現　　　金）1,600（COF　1,600円）
法　人　税	1,600		
税引後当期純利益	2,400円		税引後増分キャッシュ・フロー　　　　2,400円

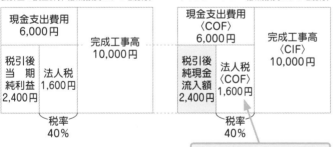

会計上の損益計算（設備投資による増加分）

| 現金支出費用 6,000円 | 完成工事高 10,000円 |
| 税引後当期純利益 2,400円 ／ 法人税 1,600円 | |

税率 40%

キャッシュ・フロー（設備投資による増加分）

| 現金支出費用〈COF〉 6,000円 | 完成工事高〈CIF〉 10,000円 |
| 税引後純現金流入額 2,400円 ／ 法人税〈COF〉 1,600円 | |

税率 40%

法人税は会計上の損益計算を基礎に計算され、現金支出をともなうためキャッシュ・アウト・フローとなります。

したがって、ある設備投資案を採用した場合に、新たに増加する税引後キャッシュ・フローは次のように計算されます。

> 税引後キャッシュ・フロー＝完成工事高－現金支出費用－法人税支払額

よって、CASE86の税引後キャッシュ・フローは次のように求められます。

CASE86［問1］の増分キャッシュ・フロー

税引後キャッシュ・フロー：

10,000円 － 6,000円 － 1,600円 ＝ 2,400円

また、この計算は会計上の損益計算と同じ計算となるので、次のように求めることもできます。

> 税引後
> キャッシュ・フロー ＝（完成工事高－現金支出費用）×（1－法人税率）

これによると次のように求められます。

税引後キャッシュ・フロー：

（10,000円 － 6,000円）×（1 － 0.4）＝ 2,400円

いままでは法人税については考慮していませんでしたが、試験では法人税の影響を考慮に入れた意思決定問題が出題されます。この場合、法人税支払額はキャッシュ・アウト・フローとして計上していくことになります。

● 減価償却費による法人税節約額

ここまで、減価償却費がない場合のキャッシュ・フロー計算をみてきましたが、設備投資案Aを採用した場合には、設備の減価償却費も増加していきます。

ここで、減価償却費の仕訳は以下のようになります。

（減 価 償 却 費）　×××　（減価償却累計額）　×××

このように、減価償却費とは、現金の支出をともなわない費

用です。そのため、減価償却費自体はキャッシュ・フロー項目ではありません。

しかし、会計上の損益計算においては、減価償却費も費用計上されるので、減価償却費の分だけ税引前当期純利益は減少しています。

減価償却費の分だけ利益が減少しているのですから、法人税の支払額は「減価償却費×法人税率」の分だけ節約され、同額だけ税引後のキャッシュ・フローが増加する結果となります。

このような**減価償却費などの非現金支出費用の法人税節約額をタックス・シールド**といいます。

損益計算書		増分キャッシュ・フローの把握
完成工事高 10,000 円	→	（現　　金）10,000（完成工事高）10,000（CIF 10,000円）
現金支出費用　6,000	→	（現金支出費用）6,000（現　　金）6,000（COF 6,000円）
減価償却費　1,000	→	（減価償却費）1,000（減価償却累計額）1,000（　—　）
税引前利益　3,000 円 ┐法人税率		
法　人　税　1,200 ┘×40% →		（法　人　税）1,200（現　　金）1,200（COF 1,200円）
税引後当期純利益　1,800 円		税引後増分キャッシュ・フロー　　2,800 円

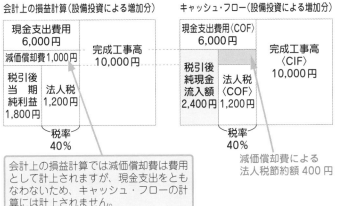

会計上の損益計算（設備投資による増加分）

現金支出費用 6,000円	完成工事高 10,000円
減価償却費1,000円	
税引後当期純利益 1,800円	法人税 1,200円
	税率 40%

会計上の損益計算では減価償却費は費用として計上されますが、現金支出をともなわないため、キャッシュ・フローの計算には計上されません。

キャッシュ・フロー（設備投資による増加分）

現金支出費用〈COF〉 6,000円	完成工事高〈CIF〉 10,000円
税引後純現金流入額 2,400円	法人税〈COF〉1,200円
	税率 40%

減価償却費による法人税節約額 400 円

減価償却費による法人税節約額の400円分、増えています。

> 減価償却費による法人税節約額＝減価償却費×法人税率

したがって、ある設備投資案を採用した場合に、新たに増加する税引後キャッシュ・フローは次のように求められます。

> 税引後キャッシュ・フロー
> ＝(完成工事高−現金支出費用)×(1−法人税率)+減価償却費×法人税率
> 　　　　　　税引後純現金流入額　　　　　　　タックス・シールド
>
> > タックス・シールドを求める
> > 場合は1−法人税率ではな
> > く、法人税率をかけます。

　なお、減価償却費のほかにも、①固定資産売却損や②固定資産除却損のような非現金支出費用からはタックス・シールドが生じます。

　よってCASE86の税引後キャッシュ・フローは次のようになります。

CASE86 ［問2］の増分キャッシュ・フロー

税引後キャッシュ・フロー：

$(10,000円 − 6,000円) × (1 − 0.4) + 1,000円 × 0.4 = 2,800円$

> 法人税の資料があったら、法人税の
> 支払額とそれにともなうタックス・
> シールドをキャッシュ・フロー計算に
> 組み込まないといけないね。

タックス・シールドを考慮した
キャッシュ・フロー計算

法人税の支払いを考慮した場合の
キャッシュ・フロー予測を実際に
行ってみよう。

かしこまりました！

経 理

部長

それでは、具体的な数
値例を使ってデータを
抽出し、正味現在価値法によ
り意思決定してみましょう。

例 ゴエモン㈱では新設備Xへの新規投資案を検討中である。次の資
料にもとづいて、各問に答えなさい。

[資 料]

1. 新設備Xへの投資額　　　20,000万円

　　現時点（0年度末）で一括投資される

2. 各年度のキャッシュ・フローに関するデータ

(1) この投資案を採用する場合と、採用しない場合を比較すると次
のような変化がある。

	採用前	採用後
完成工事高	42,000万円	65,000万円
現金支出費用	18,000万円	34,000万円
減価償却費	7,000万円	各自推定

(2) (1)の変化は、投資案の予想貢献年数（5年間）のすべての期間
について共通している。また完成工事高はすべて現金収入である。

(3) 設備の法定耐用年数は5年、残存価額10％、定額法によって
減価償却する。

(4) 投資終了時（5年度末）における新設備Xの処分価値は1,200
万円と予想される。

3. 法人税の税率は40％である。

4. 税引後の資本コスト率は5％である。

5．資本コスト率5％における現価係数は次のとおりである。

	1年	2年	3年	4年	5年
現価係数	0.9524	0.9070	0.8638	0.8227	0.7835

［問1］この投資案の毎年のキャッシュ・フローを計算しなさい。ただし、法人税の支払いは考慮しないものとする。なおキャッシュ・フローがマイナス（現金支出）の場合には△を付すこと（以下同じ）。

［問2］法人税の支払いを考慮し、この投資案の毎年のキャッシュ・フローを計算しなさい。

［問3］［問2］で求めたキャッシュ・フローにもとづいて、この投資案の正味現在価値を計算し、投資の採否について判断を行いなさい。

● 法人税の支払いを考慮しない場合のキャッシュ・フロー

　設備投資の意思決定計算で必要とする情報は、その投資案を採用すれば新たに発生すると予想される増分キャッシュ・フローに関するデータです。

　CASE87で新設備Xへの投資案を採用すれば新たに発生すると予想される増分キャッシュ・フロー項目は次のようになります。

❶　新設備Xへの初期投資額（取得原価）：20,000万円（COF）

❷❸　投資案から生じる毎年の経済的効果

	採用後	採用前	差額〈増加分〉
完 成 工 事 高	65,000万円	42,000万円	23,000万円（CIF）…❷
現 金 支 出 費 用	34,000万円	18,000万円	16,000万円（COF）…❸
減 価 償 却 費*	10,600万円	7,000万円	3,600万円（ー）

＊　減価償却費の増加分：20,000万円×0.9÷5年＝3,600万円

　　減価償却費：7,000万円＋3,600万円＝10,600万円

 減価償却費は現金の支出をともなわないため、キャッシュ・フロー項目ではありません。

❹ 投資終了時（5年度末）における新設備Xの売却収入：

1,200万円（CIF）

　設備投資の意思決定計算は未来の予測計算であり、現実に仕訳が行われるわけではありませんが、投資を行ったものとして新設備Xの売却時の仕訳を想定してみると次のようになります。

（減価償却累計額）18,000万円*1（新 設 備 X）20,000万円
（現　　　　　金） 1,200万円
　　　　　　　　 CIF
（新設備売却損）　 800万円*2

* 1 　減価償却累計額：3,600万円×5年＝18,000万円

* 2 　2,000万円－1,200万円＝800万円
　　　 簿価　　 売価　　 売却損

　設備売却損は現金の支出をともなわないため、キャッシュ・フロー項目ではありません。

〈キャッシュ・フロー図〉　　　　　　　　　　　　　　　　　　　　（単位：万円）

	T_0 （現時点）	T_1 （1年度末）	T_2 （2年度末）	T_3 （3年度末）	T_4 （4年度末）	T_5 （5年度末）
						❹　1,200
CIF		❷ 23,000	❷ 23,000	❷ 23,000	❷ 23,000	❷ 23,000
COF	❶ 20,000	❸ 16,000	❸ 16,000	❸ 16,000	❸ 16,000	❸ 16,000
NET	△20,000	+7,000	+7,000	+7,000	+7,000	+8,200

　以上より、法人税の支払いを考慮しない場合の毎年のキャッシュ・フローは次のようになります。

CASE87［問1］の法人税を考慮しない毎年のキャッシュ・フロー

0年度末 （現時点）	1年度末	2年度末	3年度末	4年度末	5年度末
△20,000万円	7,000万円	7,000万円	7,000万円	7,000万円	8,200万円

● 法人税の支払いを考慮した場合のキャッシュ・フロー

　法人税の支払いを考慮する場合には現金収支をともなう収益・費用については、「1 − 法人税率」を掛けて**税引後に修正**し、減価償却費や設備売却損などの非現金支出費用は「**法人税率**」を掛けて**法人税節約額を計算し、キャッシュ・イン・フロー**として計上することになります。

❶　新設備Xへの初期投資額（取得原価）：20,000万円（COF）

❷〜❹　投資案から生じる毎年の経済的効果

　・税引後売上収入（完成工事高）：

$$\underbrace{23,000\,万円}_{増分売上収入} \times (1 - \underbrace{0.4}_{法人税率}) = 13,800\,万円（CIF）\cdots❷$$

　・税引後現金支出費用：

$$\underbrace{16,000\,万円}_{増分現金支出費用} \times (1 - \underbrace{0.4}_{法人税率}) = \boxed{9,600\,万円（COF）}\cdots❸$$

　・減価償却費による法人税節約額：

$$3,600\,万円 \times \underbrace{0.4}_{法人税率} = 1,440\,万円（CIF）\cdots❹$$

> 減価償却費による法人税節約額をキャッシュ・イン・フローとして計上します。

　なお、❷〜❹については次のようにまとめて計算することもできます。

　・$(\underbrace{23,000\,万円}_{増分売上収入} - \underbrace{16,000\,万円}_{増分現金支出費用}) \times (1 - 0.4) + \underbrace{3,600\,万円}_{減価償却費} \times 0.4 = 5,640\,万円$

❺　投資終了時（5年度末）における新設備Xの売却収入：

1,200万円（CIF）

> **注意** 売却収入は資産の換金にすぎず、法人税支払額に影響を及ぼさないので、法人税率は掛けません。したがって［問1］と同じになります。

❻　新設備Xの売却損による法人税節約額

　新設備売却損自体はキャッシュ・フロー項目ではありませんが、法人税の計算に影響を及ぼすため法人税節約額をキャッシュ・イン・フローとして計上します。

　逆に新設備売却益が生じた場合には、法人税増加額（＝新設備売却益×法人税率）をキャッシュ・アウト・フローとして計

上します。

・800万円 × 0.4 = 320万円（CIF）
　売却損　法人税率

　以上をキャッシュ・フロー図にまとめ、毎年のキャッシュ・フロー（NET）を求めていきます。

〈キャッシュ・フロー図〉　　　　　　　　　　　　　　　　　　　　（単位：万円）

	T_0 （現時点）	T_1 （1年度末）	T_2 （2年度末）	T_3 （3年度末）	T_4 （4年度末）	T_5 （5年度末）
						❻ 320
						❺ 1,200
		❹ 1,440	❹ 1,440	❹ 1,440	❹ 1,440	❹ 1,440
CIF		❷ 13,800	❷ 13,800	❷ 13,800	❷ 13,800	❷ 13,800
COF	❶ 20,000	❸ 9,600	❸ 9,600	❸ 9,600	❸ 9,600	❸ 9,600
NET	△20,000	+5,640	+5,640	+5,640	+5,640	+7,160

　以上より、法人税の支払いを考慮した場合の毎年のキャッシュ・フローは次のようになります。

CASE87 [問2] の法人税の支払いを考慮した毎年のキャッシュ・フロー

0年度末 （現時点）	1年度末	2年度末	3年度末	4年度末	5年度末
△20,000万円	5,640万円	5,640万円	5,640万円	5,640万円	7,160万円

● 正味現在価値法による意思決定

　最後は［問2］で求めた税引後のキャッシュ・フローを5％の資本コスト率で割引計算して正味現在価値を計算し、その値がプラスであれば新設備投資案を採用するという意思決定を行います。

<キャッシュ・フロー図> (単位：万円)

	T_0 （現時点）	T_1 （1年度末）	T_2 （2年度末）	T_3 （3年度末）	T_4 （4年度末）	T_5 （5年度末）

T →

NET　△20,000　+5,640　+5,640　+5,640　+5,640　+7,160

+5,371.536 ◄
　　　×0.9524
+5,115.48 ◄
　　　　　×0.9070
+4,871.832 ◄
　　　　　　×0.8638
+4,640.028 ◄
　　　　　　　　×0.8227
+5,609.86 ◄
　　　　　　　　　　×0.7835

NPV　+5,608.736

・正味現在価値：5,640万円×0.9524 + 5,640万円×0.9070 + 5,640万円×0.8638 + 5,640万円×0.8227 + 7,160万円×0.7835 − 20,000万円
　　　　　　　　= + 5,608.736万円

CASE87 [問3] の正味現在価値法による意思決定

　以上より、正味現在価値が5,608.736万円とプラスであるため、この新設備Xは、採用すべきであると判断されます。

税引後のキャッシュ・フロー

	科　　目		税引後キャッシュ・フロー	
B/S 科目	設備の取得原価		取得原価	COF
	設備の売却価額		売却額	CIF
P/L 科目	完成工事高		完成工事高×（1−法人税率）	CIF
	現金支出費用		現金支出費用×（1−法人税率）	COF
	非現金 項目	減価償却費	減価償却費×法人税率	CIF
		設備売却損益	設備売却損×法人税率	CIF
			設備売却益×法人税率	COF

🐾 さくいん

スッキリわかるシリーズ

スッキリわかる　建設業経理士1級　原価計算　第3版

2013年 9 月30日	初　版　第1刷発行
2020年 6 月27日	第3版　第1刷発行
2024年 8 月 1 日	第6刷発行

編　著　者	ＴＡＣ出版開発グループ
発　行　者	多　　田　　敏　　男
発　行　所	ＴＡＣ株式会社　出版事業部
	（ＴＡＣ出版）

〒101-8383
東京都千代田区神田三崎町3-2-18
電 話 03 (5276) 9492 (営業)
FAX 03 (5276) 9674
https://shuppan.tac-school.co.jp

| 印　　　刷 | 株式会社　ワ　　コ　　ー |
| 製　　　本 | 東京美術紙工協業組合 |

© TAC 2020　　Printed in Japan

ISBN 978-4-8132-8835-0
N.D.C. 336

建設業経理士検定講座のご案内

 Web通信講座　　 DVD通信講座　　 資料通信講座（1級総合本科生のみ）

オリジナル教材　合格までのノウハウを結集！

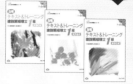

テキスト
試験の出題傾向を徹底分析。最短距離での合格を目標に、確実に理解できるように工夫されています。

トレーニング
合格を確実なものとするためには欠かせないアウトプットトレーニング用教材です。出題パターンと解答テクニックを修得してください。

的中答練
講義を一通り修了した段階で、本試験形式の問題練習を繰り返しトレーニングします。これにより、一層の実力アップが図れます。

DVD
TAC専任講師の講義を収録したDVDです。画面を通して、講義の迫力とポイントが伝わり、よりわかりやすく、より効率的に学習が進められます。[DVD通信講座のみ送付]

学習メディア　ライフスタイルに合わせて選べる！

 Web通信講座
スマホやタブレットにも対応　　見て学ぶ

講義をブロードバンドを利用し動画で配信します。ご自身のペースに合わせて、24時間いつでも何度でも繰り返し受講することができます。また、講義動画は専用アプリにダウンロードして2週間視聴可能です。有効期間内は何度でもダウンロード可能です。
※Web通信講座の配信期間は、受講された試験月の末日までです。

 TAC WEB SCHOOL ホームページ URL https://portal.tac-school.co.jp/
※お申込み前に、右記のサイトにて必ず動作環境をご確認ください。

 DVD通信講座
見て学ぶ

講義を収録したデジタル映像をご自宅にお届けします。
配信期限やネット環境を気にせず受講できるので安心です。
※DVD-Rメディア対応のDVDプレーヤーでのみ受講が可能です。パソコンやゲーム機での動作保証はいたしておりません。

 資料通信講座
（1級総合本科生のみ）

テキスト・添削問題を中心として学習します。

Webでも無料配信中！ スマホ タブレット パソコン 「**TAC動画チャンネル**」

● **入門セミナー** ※収録内容の変更のため、配信されない期間が生じる場合がございます。

● **1回目の講義（前半分）が視聴できます**

詳しくは、TACホームページ
「TAC動画チャンネル」をクリック！

TAC動画チャンネル　建設業　検索

コースの詳細は、建設業経理士検定講座パンフレット・TACホームページをご覧ください。

パンフレットのご請求・お問い合わせは、**TACカスタマーセンター**まで　※営業時間短縮の場合がございます。詳細はHPでご確認ください。

通話無料 0120-509-117
ゴウカク イイナ
受付時間 月〜金　9:30〜19:00　土・日・祝　9:30〜18:00

TAC建設業経理士検定講座ホームページ

TAC建設業　検索

合格カリキュラム ご自身のレベルに合わせて無理なく学習！

1級受験対策コース ▶ 財務諸表　財務分析　原価計算

1級総合本科生　[対象] 日商簿記2級・建設業2級修了者、日商簿記1級修了者

財務諸表	財務分析	原価計算
財務諸表本科生	財務分析本科生	原価計算本科生
財務諸表講義　財務諸表的中答練	財務分析講義　財務分析的中答練	原価計算講義　原価計算的中答練

※上記の他、1級的中答練セットもございます。

2級受験対策コース

2級本科生（日商3級講義付）　[対象] 初学者（簿記知識がゼロの方）

日商簿記3級講義	2級講義	2級的中答練

2級本科生　[対象] 日商簿記3級・建設業3級修了者

2級講義	2級的中答練

日商2級修了者用2級セット　[対象] 日商簿記2級修了者

日商2級修了者用2級講義	2級的中答練

※上記の他、単科申込みのコースもございます。　※上記コース内容は予告なく変更される場合がございます。あらかじめご了承ください。

合格カリキュラムの詳細は、*TAC*ホームページをご覧になるか、パンフレットにてご確認ください。

安心のフォロー制度　充実のバックアップ体制で、学習を強力サポート！

 ＝Web・DVD・資料通信講座でのフォロー制度です。

1. 受講のしやすさを考えた制度

随時入学　
"始めたい時が開講日"。視聴開始日・送付開始日以降ならいつでも受講を開始できます。

2. 困った時、わからない時のフォロー

質問電話　
講師とのコミュニケーションツール。疑問点・不明点は、質問電話ですぐに解決しましょう。

質問カード　
講師と接する機会の少ない通信受講生も、質問カードを利用すればいつでも疑問点・不明点を講師に質問し、解決できます。また、実際に質問事項を書くことによって、理解も深まります（利用回数：10回）。

質問メール
受講生専用のWebサイト「マイページ」より質問メール機能がご利用いただけます（利用回数：10回）。
※質問カード、メールの使用回数の上限は合算で10回までとなります。

3. その他の特典

再受講割引制度

過去に、本科生（1級各科目本科生含む）を受講されたことのある方が、同一コースをもう一度受講される場合には再受講割引受講料でお申込みいただけます。

※以前受講されていた時の会員証をご提示いただき、お手続きをしてください。
※テキスト・問題集はお渡ししておりませんのでお手持ちのテキスト等をご使用ください。テキスト等のver.変更があった場合は、別途お買い求めください。

TAC出版 書籍のご案内

TAC出版では、資格の学校TAC各講座の定評ある執筆陣による資格試験の参考書をはじめ、資格取得者の開業法や仕事術、実務書、ビジネス書、一般書などを発行しています!

TAC出版の書籍
*一部書籍は、早稲田経営出版のブランドにて刊行しております。

資格・検定試験の受験対策書籍

- 日商簿記検定
- 建設業経理士
- 全経簿記上級
- 税　理　士
- 公認会計士
- 社会保険労務士
- 中小企業診断士
- 証券アナリスト

- ファイナンシャルプランナー(FP)
- 証券外務員
- 貸金業務取扱主任者
- 不動産鑑定士
- 宅地建物取引士
- 賃貸不動産経営管理士
- マンション管理士
- 管理業務主任者

- 司法書士
- 行政書士
- 司法試験
- 弁理士
- 公務員試験(大卒程度・高卒者)
- 情報処理試験
- 介護福祉士
- ケアマネジャー
- 電験三種　ほか

実務書・ビジネス書

- 会計実務、税法、税務、経理
- 総務、労務、人事
- ビジネススキル、マナー、就職、自己啓発
- 資格取得者の開業法、仕事術、営業術

一般書・エンタメ書

- ファッション
- エッセイ、レシピ
- スポーツ
- 旅行ガイド (おとな旅プレミアム/旅コン)

TAC出版

(2024年2月現在)

書籍のご購入は

1 全国の書店、大学生協、ネット書店で

2 TAC各校の書籍コーナーで

資格の学校TACの校舎は全国に展開！
校舎のご確認はホームページにて

資格の学校TAC ホームページ
https://www.tac-school.co.jp

3 TAC出版書籍販売サイトで

CYBER　TAC出版書籍販売サイト
BOOK STORE

24時間
ご注文
受付中

TAC 出版　で　検索

https://bookstore.tac-school.co.jp/

- 新刊情報をいち早くチェック！
- たっぷり読める立ち読み機能
- 学習お役立ちの特設ページも充実！

TAC出版書籍販売サイト「サイバーブックストア」では、TAC出版および早稲田経営出版から刊行されている、すべての最新書籍をお取り扱いしています。
また、会員登録（無料）をしていただくことで、会員様限定キャンペーンのほか、送料無料サービス、メールマガジン配信サービス、マイページのご利用など、うれしい特典がたくさん受けられます。

サイバーブックストア会員は、特典がいっぱい！（一部抜粋）

通常、1万円（税込）未満のご注文につきましては、送料・手数料として500円（全国一律・税込）頂戴しておりますが、1冊から無料となります。

専用の「マイページ」は、「購入履歴・配送状況の確認」のほか、「ほしいものリスト」や「マイフォルダ」など、便利な機能が満載です。

メールマガジンでは、キャンペーンやおすすめ書籍、新刊情報のほか、「電子ブック版TACNEWS（ダイジェスト版）」をお届けします。

書籍の発売を、販売開始当日にメールにてお知らせします。これなら買い忘れの心配もありません。

書籍の正誤に関するご確認とお問合せについて

書籍の記載内容に誤りではないかと思われる箇所がございましたら、以下の手順にてご確認とお問合せをしてくださいますよう、お願い申し上げます。

なお、正誤のお問合せ以外の**書籍内容に関する解説および受験指導などは、一切行っておりません。**
そのようなお問合せにつきましては、お答えいたしかねますので、あらかじめご了承ください。

1 「Cyber Book Store」にて正誤表を確認する

TAC出版書籍販売サイト「Cyber Book Store」の
トップページ内「正誤表」コーナーにて、正誤表をご確認ください。

CYBER TAC出版書籍販売サイト
BOOK STORE

URL：https://bookstore.tac-school.co.jp/

2 ❶の正誤表がない、あるいは正誤表に該当箇所の記載がない
⇒ 下記①、②のどちらかの方法で文書にて問合せをする

★ご注意ください★

お電話でのお問合せは、お受けいたしません。
①、②のどちらの方法でも、お問合せの際には、「お名前」とともに、
「対象の書籍名（○級・第○回対策も含む）およびその版数（第○版・○○年度版など）」
「お問合せ該当箇所の頁数と行数」
「誤りと思われる記載」
「正しいとお考えになる記載とその根拠」
を明記してください。
なお、回答までに１週間前後を要する場合もございます。あらかじめご了承ください。

① ウェブページ「Cyber Book Store」内の「お問合せフォーム」より問合せをする

【お問合せフォームアドレス】

https://bookstore.tac-school.co.jp/inquiry/

② メールにより問合せをする

【メール宛先　TAC出版】

syuppan-h@tac-school.co.jp

※土日祝日はお問合せ対応をおこなっておりません。
※正誤のお問合せ対応は、該当書籍の改訂版刊行月末日までといたします。

乱丁・落丁による交換は、該当書籍の改訂版刊行月末日までといたします。なお、書籍の在庫状況等により、お受けできない場合もございます。
また、各種本試験の実施の延期、中止を理由とした本書の返品はお受けいたしません。返金もいたしかねますので、あらかじめご了承くださいますようお願い申し上げます。

（2022年7月現在）